彩图 1 普通核桃

彩图 2 泡核桃

彩图 3 核桃楸

彩图 4 文玩核桃

彩图 5　野核桃

彩图 6　黑核桃

彩图 7　山核桃

彩图 8　长山核桃

彩图 9　辽核 1 号

彩图 10　清香核桃

彩图 11　闷尖狮子头

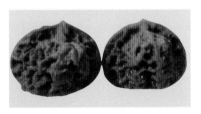

彩图 12　官帽

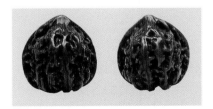

彩图 13　艺核 1 号

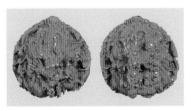

彩图 14　双龙戏珠

彩图 15　百寿图

彩图 16　百鸟朝凤

彩图 17　葫芦万代

彩图 18　核桃幼树抽条症状

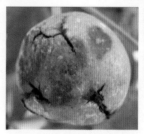
彩图 19　核桃炭疽病症状

彩图 20　核桃黑斑病为害叶片与果实症状

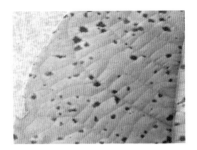

彩图 21　核桃褐斑病症状

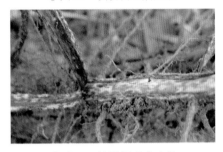

彩图 22　核桃根腐病症状

彩图 23　核桃腐烂病症状

彩图 24　核桃枝枯病症状

彩图 25　核桃举肢蛾成虫、幼虫及其为害果实症状

彩图 26　金龟子害虫

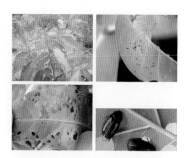

彩图 27　金龟子为害叶片症状

彩图 28　美国白蛾幼虫及其为害症状

彩图 29　芳香木蠹蛾

彩图 30　天牛为害枝干症状

彩图31　天牛幼虫及成虫

彩图32　产卵痕

彩图33　排粪孔

彩图34　木橑尺蠖幼虫及其为害症状

彩图35　蚜虫

彩图36　刺蛾幼虫、成虫、茧

彩图 37　草履介壳虫　　　　　　彩图 38　大青叶蝉产卵

彩图 39　草蛉

彩图 40　步行虫

高效种植致富直通车

核桃高效栽培

主　编　王天元　王昭新

副主编　张翔宇　鲍继胜　汤新利

参　编　赵宏利　王　辉　李宗先　李胜儒　赵　勇

　　　　张士文　刘桂荣　王道祥　周凤华　刘海林

　　　　刘　喜　安立春　肖希田　郭兴华　李长永

　　　　郭　信　刘　荣　王明月

机械工业出版社

本书结合作者多年的生产实践经验，介绍了核桃栽培的现状，核桃的主要种类、品种及生物学特性，育苗，建园，高接换优，土肥水管理，整形修剪，花果管理及采后处理，病虫害防治。书中设有"提示""注意"等小栏目，还附了核桃管理周年工作历，可以帮助种植户更好地掌握核桃栽培技术要点。本书内容全面、图文并茂、通俗易懂，力求科学性、实践性相统一。

本书适合广大核桃种植户、果树技术人员及农林院校相关专业师生学习、参考。

图书在版编目（CIP）数据

核桃高效栽培/王天元，王昭新主编. —北京：机械工业出版社，2014.9（2018.4 重印）

（高效种植致富直通车）

ISBN 978-7-111-47629-0

Ⅰ.①核… Ⅱ.①王…②王… Ⅲ.①核桃－果树园艺 Ⅳ.①S664.1

中国版本图书馆 CIP 数据核字（2014）第 183608 号

机械工业出版社（北京市百万庄大街22号　邮政编码100037）
总　策　划：李俊玲　张敬柱　　　策划编辑：高　伟　郎　峰
责任编辑：高　伟　郎　峰　李俊慧　版式设计：赵颖喆
责任校对：雕燕舞　　　　　　　　责任印制：孙　炜
保定市中画美凯印刷有限公司印刷
2018 年 4 月第 1 版第 5 次印刷
140mm×203mm · 5.5 印张 · 4 插页 · 140 千字
标准书号：ISBN 978-7-111-47629-0
定价：25.00 元

序

园艺产业包括蔬菜、果树、花卉和茶等，经多年发展，园艺产业已经成为我国很多地区的农业支柱产业，形成了具有地方特色的果蔬优势产区，园艺种植的发展为农民增收致富和"三农"问题的解决做出了重要贡献。园艺产业基本属于高投入、高产出、技术含量相对较高的产业，农民在实际生产中经常在新品种引进和选择、设施建设、栽培和管理、病虫害防治及产品市场发展趋势预测等诸多方面存在困惑。要实现园艺生产的高产高效，并尽可能地减少农药、化肥施用量以保障产品食用安全和生产环境的健康离不开科技的支撑。

根据目前农村果蔬产业的生产现状和实际需求，机械工业出版社坚持高起点、高质量、高标准的原则，组织全国 20 多家农业科研院所中理论和实践经验丰富的教师、科研人员及一线技术人员编写了"高效种植致富直通车"丛书。该丛书以蔬菜、果树的高效种植为基本点，全面介绍了主要果蔬的高效栽培技术、棚室果蔬高效栽培技术和病虫害诊断与防治技术、果树整形修剪技术、农村经济作物栽培技术等，基本涵盖了主要的果蔬作物类型，内容全面，突出实用性、可操作性、指导性强。

整套图书力避大段晦涩文字的说教，编写形式新颖，采取图、表、文结合的方式，穿插重点、难点、窍门或提示等小栏目。此外，为提高技术的可借鉴性，书中配有果蔬优势产区种植能手的实例介绍，以便于种植者之间的交流和学习。

丛书针对性强，适合农村种植业者、农业技术人员和院校相关专业师生阅读参考。希望本套丛书能为农村果蔬产业科技进步和产业发展做出贡献，同时也恳请读者对书中的不当和错误之处提出宝贵意见，以便补正。

中国农业大学农学与生物技术学院

前　言

　　核桃是世界上重要的坚果树种之一，在我国的栽培面积和总产量均居世界首位。但是，与技术先进国家相比，我国的核桃生产仍存在良种化程度低、经营管理粗放、果品质量差、产量低且不稳定等问题，如我国结果树平均株产不到2kg，而美国高达30kg。因此，我国核桃栽培的品种布局、管理及经营模式等都有待于进一步提高。

　　为此，编者组织长年从事核桃研究、教学与实践一线的同仁，结合多年的生产实践经验，编写了《核桃高效栽培》一书，主要内容包括核桃栽培概述，核桃的主要种类、品种及生物学特性，育苗，建园，高接换优，土肥水管理，整形修剪，花果管理，采后处理，病虫害防治等。另外，本书设有"提示"和"禁忌"等小栏目，还附了核桃管理周年工作历，以帮助种植户更好地掌握核桃栽培技术要点。

　　本书内容全面、图文并茂、通俗易懂，力求科学性、实践性相统一，适合广大核桃种植户、技术人员及农林院校相关专业的师生学习、阅读、参考。

　　需要特别说明的是，本书所用药物及其使用剂量仅供读者参考，不可照搬。在生产实际中，所用药物学名、常用名和实际商品名称有差异，药物浓度也有所不同，建议读者在使用每一种药物之前，参阅厂家提供的产品说明以确认药物用量、用药方法、用药时间及禁忌等。

　　在本书编写过程中，得到了有关专家的大力支持及帮助，在此表示感谢。同时也要向所参考和引用相关资料的原作者致谢。真心希望通过我们的努力，尽快普及和推广核桃高产优质新技术，让农村致富、农业增产、农民增收。

　　由于编者水平有限，书中会有疏漏和错误等不妥之处，敬请专家和读者批评指正。

编　者

目 录

第七章　核桃整形修剪

第八章　核桃花果管理及采后处理

第九章　核桃病虫害防治

—第一章—
核桃栽培概述

核桃是世界上重要的坚果树种之一，在我国，其栽培面积和总产量均居世界首位。但是，我国的核桃生产仍存在良种化程度低、经营管理粗放、产量低而不稳定、果品质量差等问题，核桃的品种布局、栽培管理及经营模式等都有待进一步提高。

第一节 核桃栽培的意义及现状

■ 一 经济栽培意义

1. 营养价值

核桃种仁营养丰富，每 100g 干核桃仁中含水分 3～4g，脂肪 63.0g，蛋白质 15.4g，碳水化合物 10.7g，粗纤维 5.8g，磷 329mg，钙 108mg，铁 3.5mg，胡萝卜素 0.17mg，硫胺素 0.32mg，核黄素 0.11mg，烟酸 1.0mg。核桃可加工成食用油，还可加工成各种食品和饮料，现普遍将其加工成核桃粉、核桃露等各种滋补品。

核桃仁中含有 18 种氨基酸，且以人体必需的氨基酸含量较高。其中的钙、磷、铁、胡萝卜素、硫胺素、烟酸、核黄素均高于苹果、梨、桃、板栗、枣、山楂、柿等常见果品。特别是核桃仁中的碘含量较高（14～33mg/kg），对儿童的生长发育非常有利。核桃仁中还含有维生素 A、维生素 B、维生素 C 和一些矿物质元素，这些成分都是人类生命活动所必需的。

2. 药用价值

核桃具有广泛的医疗保健作用。在明代李时珍的《本草纲目》中有记载，核桃仁能补气顺血，润燥化痰，治肺润肠；对慢性气管炎、肾虚腰痛、肺虚咳嗽等症都有良好的疗效。故成为常用的中药补药和很好的滋补品。常食核桃可"益命门，利三焦，散肿毒，通经脉，黑须发，利小便，去五痔"。内服核桃青皮（中药称青龙衣）可治慢性气管炎，肝胃气痛；外用可治顽癣和跌打外伤。坚果隔膜（中药称分心木）可治肾虚遗精和遗尿。核桃的枝叶入药可治疗多种肿瘤、全身瘙痒症等。怀孕的妇女吃核桃，有利于婴儿的健康发育。

医学认为核桃性温、味甘、无毒，有健胃、补血、润肺、养神等功效；对于心血管疾病、Ⅱ型糖尿病、癌症和神经系统疾病有一定康复治疗和预防效果。

3. 栽培价值

核桃是我国传统的出口商品，销往西欧和东南亚等地，在国际市场上占有重要地位，远不能满足国际市场之需。从长远看，发展核桃产业的前景比较广阔。

4. 工业价值

核桃的含油量高达60%以上，是生物液体燃料的潜在树种。核桃木材质地坚硬，纹理细致，伸缩性小，抗冲击力强，不翘不裂，不受虫蛀，是航空、交通和军事工业的重要原料，也适宜制造高档用具。核桃的树皮、叶片和果实青皮含有大量的单宁，可提取鞣酸和栲胶。果壳可烧制成优质的活性炭，是国防工业制造防毒面具的优质材料。

5. 其他价值

核桃树适应性强，寿命长，栽培容易，树冠多呈半圆形，枝干秀挺，常作为行道树或观赏树种，也是具有很强防尘能力的环保树种。据测定，成片核桃林在冬季无叶的情况下能降尘28.4%，展叶后可降尘44.7%。在山坡丘陵地区栽植，具有涵养水源、保持水土的作用。

二 世界核桃生产销售情况

1. 生产现状

世界上核桃的栽培面积较大，据联合国粮食及农业组织（FAO）

统计资料表明，2010 年世界核桃收获面积为 1269.09 万亩（1 亩 ≈ 667m^2），年产核桃约 254.5 万吨，平均每亩产核桃 200.54kg。世界上生产核桃的国家有 50 多个，主要有中国、美国、伊朗、土耳其、墨西哥、乌克兰、罗马尼亚、法国等。

2010 年我国核桃产量占世界核桃总产量的 41.7%，位居世界之首（表 1-1）。

表 1-1　2010 年世界主要核桃生产国家栽培面积及产量

国　　家	面积/公顷	产量/万吨	国　　家	面积/公顷	产量/万吨
中国	299500	1060600	乌克兰	14060	87400
美国	91500	458000	罗马尼亚	1490	34359
土耳其	90683	178142	法国	17541	30460
墨西哥	69548	76627	智利	15451	30000
伊朗	60600	270300	印度	31800	33400

2. 出口销售

2010 年世界核桃贸易总量为 41.4 万吨，其中核桃仁的出口量占 43%。我国市场份额不足世界的 10%，而美国市场份额占世界的 50% 左右。美国、墨西哥、法国为带壳核桃出口量的前三位，美国、乌克兰、墨西哥为核桃仁出口量的前三位。从销售价格上看，土耳其的核桃卖价最高，比中国高 78.28%；其次是美国，卖价比中国高 68.14%；法国卖价比中国高 66.25%。引起价格差异的主要原因是土耳其的核桃果型美观、色泽淡、质量好。据世界果树生果仁协会近年统计，5 个主要核桃仁出口国在国际市场的占有率分别为：美国 55%、中国 14%、法国 13%、印度 9%、智利 6%，其他国家 3%。世界年产核桃油约 9 万吨，美国年产核桃油 2 万吨左右，其次为中国和土耳其，这 3 个国家的核桃油年产量约占世界总核桃油年产量的 50% 以上。核桃油在国际市场上的售价平均为 20000 美元/吨，且一直很畅销。

由此可以看出，我国虽为核桃种植面积和总产量大国，但因产品质量较差，在国际市场中所占的份额和售价均较低。

三 国内核桃生产销售情况

1. 生产发展现状

我国是世界核桃生产大国，主要产区为云南、新疆、四川、辽宁、河北、山西、山东、陕西、河南、甘肃等省（区），年产核桃都在3万吨以上。2010年上述10个省区共产核桃97.57万吨，约占当年全国核桃总产量的92.01%。

2. 进出口情况

近年来，我国核桃品种化栽培发展迅速，但由于品种的选择及栽培管理方面存在一些问题，使坚果质量仍有较大差距，其单位面积产量与技术先进国家相比也有很大差距，如我国结果树平均株产不到2kg，而美国高达30kg。美国核桃以外观整齐、品种一致的优势，占领国际市场。

我国核桃仁主要出口欧洲、日本、加拿大、新西兰、中东等地。由于核桃仁分路清、规格齐全、口味较好，年出口量为1万吨左右，出口价格为2811美元/吨。而我国核桃的年进口量在1万吨左右，进口价格为800~1000美元/吨。

四 我国核桃分布

核桃也叫胡桃，原产于中亚西亚，传说是我国汉代张骞出使西域时将胡桃种带回的。通过考古研究和化石分析发现，距今约有6000年的西安半坡村原始氏族遗址中有核桃花粉沉积；河北武安县磁山村曾出土了距今7335年左右（属新石器时代）的炭化核桃；在山东临朐县山旺村发现2500万年前（第三纪中新世）的核桃化石。这些都证明了我国不仅是世界核桃原产中心之一，而且具有悠久的栽培历史，并在多年演化过程中形成了十分丰富的种质资源。

核桃在我国分布广泛，有三大栽培区域。一是大西北，包括新疆、青海、西藏、甘肃、陕西；二是华北区的山西、河南、河北和华东区的山东；三是云南、贵州。而泡核桃主要是在西南地区（云南、贵州及四川西部）分布。这两个种构成了中国栽培核桃的主体。我国的核桃栽培面积较大，产量和栽培面积均高居世界首位。其中，云南、四川、陕西、河北、新疆是我国生产出口核桃的主要基地。

云南的漾濞、楚雄，山西的汾阳、孝义，河北的涉县、卢龙，陕西的商洛，北京的门头沟、怀柔，山东的寿光、益都，新疆的和田、喀什等地，都是我国著名的核桃产区。

第二节 我国核桃生产中存在的主要问题及对策

我国核桃品种化栽培现处于迅速发展的关键时期，在面对国际市场的竞争时，有些问题表现非常突出，亟待解决。

1. 基地建设

我国核桃生产主要分布于山区或丘陵，多为个体经营，缺少行业协会的组织参与，不利于实施统一的、规范化的集约经营和管理。规模化、产业化则是提高技术含量，实现增产增收的必由之路，应从栽培基地抓起，来带动我国核桃的商品化栽培，实施名牌战略，改变核桃在我国散乱栽植、粗放管理、不能成为优质商品的被动局面。

2. 硬壳厚度

核桃坚果是由硬壳和种仁组成的，占有相当大比重的木质化硬壳在食用时是被弃置的部分，长期以来我国核桃品种的选优标准一直单一、片面地追求硬壳薄、出仁率高。但是，在核桃生产中发现壳薄品种不同程度地存在裂果较多、种仁颜色较深、种仁污染率高、易于破损、不耐储运等缺点，不符合商品核桃生产的要求，很难在国际市场上参与竞争。核桃的硬壳在其生长、发育、成熟、漂洗、运输及储藏中，起着重要作用。缝合线不够紧密的核桃，漂洗时种仁很容易被污染而变色变味，储藏中也容易遭受虫害。缝合线紧密度越大，核桃硬壳越厚，当然出仁率也就越低。因此，品质优良的核桃坚果应具备适宜的缝合线紧密度。实践表明，适宜的硬壳厚度应在 1.1mm 左右，出仁率在 52% 左右为宜。

3. 品种选择与配置

目前生产中早实核桃所占比例较大。早实品种结果较早、丰产性较强，以短果枝结果为主，树冠紧凑。但从核桃坚果品质和品种的适应性来看，早实品种不及晚实品种。早实品种首先是抗病性差，尤其是果实成熟期的炭疽病、黑斑病及树势衰弱后的枝枯病等危害严重。其次是抗土壤干旱、耐瘠薄性也差，容易出现小老树或早期衰老死亡现象。晚实品种抗病性强，对土壤的适应性也强，耐储藏，品质好，但前期丰产性差。生产中应根据立地条件及管理水平等确定品种类型。一般情况下，应以晚实核桃为主要栽培类型，早实核桃栽培面积应控制在总栽培面积的30%以下。

> ⊙ 【提示】 立地条件较好、管理水平较高的核桃园，可采用早实核桃品种，进行集约化栽培管理，否则应采用抗性较强的晚实核桃品种。

　　各地可根据当地情况因地制宜地进行引种，切不可盲目引种，以免造成不应有的损失。从目前核桃新品种的适应性看，早实品种中的辽宁1号、辽宁7号和晚实品种中的清香等表现较好。在品种栽培的核桃园中应配置授粉品种，否则会影响产量且空壳率较高。但目前发展的核桃园很少按要求配置授粉树，而且大多不配置授粉树。所以最好将雌先型品种和雄先型品种配置在一起，互相提供授粉机会，如早实品种辽宁1号和辽宁5号、晚实品种清香和礼品2号等。授粉树可以按主栽品种和授粉品种隔行配置，比例按3∶1或5∶1为宜，便于分品种管理和采收。

> ⚠ 【注意】 核桃建园时要配置授粉树，最好同时选用2～4个雌雄花期能够互补的品种。

4. 栽植密度

　　核桃是喜光树种，尤其是晚实核桃，其树体高大、结果晚。如果栽植过密，使其过早郁闭，会造成核桃园内通风透光不良、产量低、病虫害严重。近年来发展的核桃园密度过大，株行距一般以3m×4m居多，此密度对一般早实核桃而言尚显过密，晚实核桃品种更是难以承受。密度的大小要根据品种、立地条件和管理水平来决定，合理的栽植密度可以取得较高的经济效益。早实品种在建园时的株行距可采用3m×5m或4m×6m，晚实核桃可采用4m×6m或5m×7m。在地势平坦、土层深厚、肥力较高的土地上建园，株行距应大些；在土壤和气候环境条件较差的土地上建园，株行距应小些。对于栽植于田埂，地边，堤堰和以种粮为主、实行果粮间作的，株行距可以灵活掌握。

5. 管理水平

核桃需要较好的立地条件和栽培管理水平。结果后缺乏肥水管理，会形成小老树，使树体病虫害发生严重。核桃修剪时间应由过去的秋季变为全年生长季修剪，伤口越小、越少越好，该去除的枝条及早去掉，直径大于1cm以上的剪口要用油漆或防腐剂涂封。修剪工具要经常消毒，禁止用感染病毒、病菌的工具修剪健康的树。早实核桃由于花芽较多，结果量较大，应注意重剪、更新复壮；晚实核桃生长较旺，一般只有顶花芽结果，应采取拉枝、刻芽及环刻等抑制生长、促发短枝的技术措施修剪。在病虫害防治、花果管理、采后处理上也要加强，才能适应核桃发展的需要。

6. 经营管理

我国核桃生产多数仍为农户分散种植、各自为政、自产自销的传统模式，其抗风险能力、销售能力和市场竞争能力都比较低。若要面向国内外市场，应立足本地优势，依靠科技进步，进行区域化布局，集约化经营，专业化生产，社会化服务，企业化管理，使生产销售一体化，通过龙头企业带基地，基地联农户，实现经营方式的转变。生产基地和核桃之乡都是以生产核桃为主导产业的商品生产集中地，应充分考虑产前、产中、产后，统筹兼顾，把产、供、销，农、工、贸紧密结合，成为带动农民致富的龙头。通过社会化服务，充分发挥农村专业合作社的杠杆作用，实行施肥、灌水、修剪、病虫害防治、采收及加工等的统一管理，提高整体管理水平。政府部门应给予扶持和引导，或采用必要的行政干预手段，监督关键技术（如采收期等）的实施；对新建核桃园，统一规划，统一良种，形成商品化规模生产，在管理上集中承包给懂技术、会管理的经营者，引导其走向适度规模化经营。

7. 流通渠道

目前核桃产业表现出"小生产、大市场"的特点，在众多环节缺乏标准和规范化，存在着交易方式落后、信息体系不完善、流通设施滞后、采后处理能力薄弱等问题，仍需进一步完善。核桃初级产品价格过高，引起生产的盲目扩张，应通过市场的完善和调节来保持平衡。

8. 产品加工

我国核桃产品加工业起步较晚，相应的加工规模小、产品种类少。同时，我国核桃大规模集约化核桃生产园较少，主要依靠千家万户的果农分散种植，核桃生产、采收及采后处理技术手段落后。如采收时间过早、不能按品种采收；坚果靠自然晾干法干燥，若遇到阴雨天气，核桃仁很容易发霉、长毛，颜色变深，给核桃加工及质量带来不利的影响。

近年来，国内核桃的主要加工产品有核桃油、核桃蛋白质类产品、核桃果茶、香料、活性炭等；核桃蛋白质类产品包括核桃粉、核桃乳、核桃芝麻乳、天然核桃乳、核桃汁、核桃乳酸发酵酸奶等，但总的加工能力远远不能满足国内外市场的需求。所以，应结合市场需要，进行产业化综合加工，提高产品的附加值，将巨大的资源优势转化为经济优势；建立综合加工厂，形成核桃加工业的龙头企业，以加工带动种植，以加工促进发展，为核桃种植者带来可观的经济效益，为当地的经济发展作出应有的贡献。

9. 龙头企业

随着核桃生产规模的迅速扩大，核桃营销和加工企业不断涌现，加工布局逐步优化，加工规模继续扩大，产品种类逐渐增多，这将会使核桃产业提质增效，大大提高核桃产品的市场竞争力。今后应当扶持龙头企业，带动核桃的产、供、销一体化发展。从基地抓起，从品种、栽培技术、栽培模式等基本工作做起，来带动核桃的商品化栽培，改变核桃在我国散乱栽植、粗放管理、好产品不能形成优质商品的被动局面。

要建立健全行业协会组织。目前我国各地的主要核桃产区的行业协会组织还不能将核桃的销售、宣传、生产管理、品种选育、技术研发与推广等环节有机结合起来，使整个产业能够有序地发展。国家只有加大扶持力度，支持几个专门从事核桃销售、商品化处理及加工的龙头企业，并以企业为平台在行业协会的组织下将农民的栽培管理、产品的收购、销售、科研单位的品种选育等工作有机结合起来，争创自己的企业品牌，才能保证整个行业的顺利发展。

——第二章——
核桃的主要种类、品种及生物学特性

核桃有 7 个属，约 60 个种。用于栽培的有核桃属和山核桃属两个属。品种划分为 2 个种群、2 大类群和 4 个品种群。文玩核桃皮厚质坚，纹理粗犷，起伏大，变化丰富，非常适合雕刻。核桃根系发达，叶为奇数羽状复叶，雌雄同株异花，花期经常不一致，应配置授粉树。对环境条件适应性强。

第一节　核桃的主要种类

一　核桃属

核桃属约有 20 个种分布在亚洲、欧洲和美洲。我国有 18 个种，其中栽培最多、分布最广的有两个种，即普通核桃和泡核桃，其余种有少量栽培或野生，或用作砧木。

（1）普通核桃　又称胡桃、羌桃、万岁子。世界各国核桃的绝大多数栽培品种均属本种。是国内外栽培最广泛的一种。我国栽培的多为此种。

普通核桃一般树高 10～20m，为高大落叶乔木，树冠大，寿命长；树干皮灰色，幼树平滑，老树有纵裂。1 年生枝呈绿褐色，无毛，具光泽，髓大；奇数羽状复叶，互生，小叶 5～9 枚，少数 11 枚，对生，全缘或近全缘；花为单性花，雌雄同株异花、异熟；雄花序为柔荑状下垂，长 8～12cm，每序有小花 100 朵以上，每小花有雄蕊 15～20 枚，花药黄色；雌花序顶生，雌花单生、双生或群生，子房下位，1 室，柱头浅绿色或粉红色，2 裂，偶有 3～4 裂，盛花期呈羽状反曲。果实为坚果（假核果），圆形或长圆形（椭圆形），果皮肉质，幼时有黄褐色茸毛，成熟时无毛，绿色，具稀密不等的黄白色斑点，成熟时青皮开裂；坚果多圆形，表面具刻沟或光滑。种仁呈脑状，被浅黄色或黄褐色种皮，主要供食用或榨油（彩图 1）。

（2）泡核桃　又称漾濞核桃、茶核桃、深纹核桃。在西南各省区均有分布，为我国第二大主栽种。主要分布在云南、四川、贵州等地，集中分布在澜沧江、怒江、雅鲁藏布江和金沙江流域海拔 600～2700m 的地区。在西南地区一般将漾濞核桃分为泡核桃（出仁率 48% 以上）、夹绵核桃（出仁率 30%～47.9%）和铁核桃（出仁率 30% 以下）三类。目前栽培量最大的是泡核桃，其次是夹绵核桃。铁核桃一般处于野生或半野生状态，常用作砧木，有的可作文玩核桃。

泡核桃为落叶乔木，树皮灰色，老树暗褐色具浅纵裂；1 年生枝青灰色，具白色皮孔。奇数羽状复叶，小叶 9～13 枚；雌雄同株异花，雄花序粗壮，柔荑状下垂，长 5～25cm，每朵小花有雄蕊 25 枚。雌花序顶生，雌花 2～3 枚，少数为 1 枚或 4 枚的，偶见穗状结果，柱头 2 裂，初时呈粉红色，后变为浅绿色。果实倒卵圆形或近球形，黄绿色，表面幼时有黄褐色茸毛，成熟时无毛；坚果倒卵形，两侧稍扁，表面具深刻点状沟纹。内种皮极薄，呈浅棕色。喜湿热气候，不耐干冷，抗寒力弱（彩图 2）。

（3）核桃楸　又称胡桃楸、山核桃、东北核桃、楸子。原产于我国东北，以鸭绿江沿岸分布最多。河北、河南也有分布。

核桃楸为落叶高大乔木，高达 20m 以上；树皮灰色或暗灰色，幼龄树光滑，成年后浅纵裂。小枝灰色，粗壮，有腺毛，皮孔白色隆起。奇数羽状复叶，小叶 9～17 枚；雄花序柔荑状，长 9～27cm；雌花序具雌花 5～10 朵；果序通常 4～7 果；果实卵形或椭圆形，先端尖；坚果长圆形，先端锐尖，表面有 6～8 条棱脊和不规则深刻沟，壳及内隔壁坚厚，不易开裂，内种皮暗黄色，很薄。有的可作文玩核桃。抗寒性强，生长迅速，可作核桃品种的砧木（彩图 3）。

（4）河北核桃 又称麻核桃，文玩核桃。系普通核桃与核桃楸的天然杂交种。在河北、北京和辽宁等地有零星分布。

河北核桃为落叶乔木，树皮灰白色，幼时光滑，老时纵裂。嫩枝密被短柔毛，后脱落近无毛。果实近球形，顶端有尖；坚果近球形，顶端具尖，刻沟、刻点深，有 6~8 条不明显的纵棱脊，缝合线凸出；壳厚不易开裂，内隔壁发达，骨质，取仁极难，适于作工艺品。文玩核桃的上品多出自此种。抗病性及耐寒力均很强。

河北核桃因原产于河北而得名。具有观赏性和艺术价值。坚果硬壳发达而坚硬，纹理起伏大而变化丰富，非常美观大方，可作为工艺品摆放在装饰架上或展品橱中欣赏，也可作为健身器材手握一对玩耍（揉手）以舒筋活血，非常适合雕刻，堪称艺术核桃。极具观赏、健身及收藏价值，坚果皮厚质坚，纹理粗犷，起伏大，非常适合雕刻（彩图 4）。

（5）野核桃 又称华核桃、山核桃。分布于甘肃、陕西、江苏、安徽、湖北、湖南、广西、四川、贵州、云南、台湾等地。

野核桃为乔木或灌木，树高通常 5~20m 以上。小枝灰绿色，被腺毛。小叶 9~17 枚；雄花序长 18~25cm；雌花序直立，串状着雌花 6~10 朵；果实卵圆形，先端急尖，表面黄绿色，密被腺毛；坚果卵状或阔卵状，顶端尖，壳坚厚，具 6~8 棱脊，棱脊间有不规则排列的刺状凸起和凹陷，内隔壁骨质，仁小，内种皮黄褐色，极薄。可作核桃品种的砧木（彩图 5）。

（6）黑核桃 也称美国东部黑核桃，原产于北美洲，是珍贵的木材树种。其木材结构紧密，纹理细腻，色泽高雅，是优质材用树种，尤宜作胶合板材，广泛用于家具装饰业。

黑核桃为高大落叶乔木，树高可达 30m 以上；黑核桃兼具坚果和木材价值，而且木材的品质好，尤其是大径优质材，可作胶合板材，价值很高。但要在 60 年以上才能培育出这样的优质树。目前作为果用或果材兼用的尚缺少理想品种（彩图 6）。

二 山核桃属

山核桃属有 18 个种 3 个变种，是世界性干果。价值较高、实行人工栽培的仅有原产于北美的长山核桃（又称薄壳山核桃）和中国山核桃。

(1) 山核桃 别名山核，山蟹，小核桃。为中国特产，主产于浙、皖交界以浙江临安昌化镇为中心的天目山区，其中临安、宁国、淳安三县市为中心产区。

山核桃为落叶乔木，最高可达 20m 左右，树皮光滑，幼时青褐色，老树灰白色。裸芽、新梢、叶背以及核果外表皮均密被橙黄色腺体。核果倒卵形，长 2.0 ~ 2.5cm，有 4 棱，外果皮密生黄色腺体，4 裂果，果核卵圆形，顶端短尖，基部圆形，壳厚有浅皱纹（彩图 7）。

(2) 长山核桃 别名美国山核桃，培甘，薄壳山核桃。原产于美国，是当地重要干果。我国云南、浙江等地有引种栽培。

长山核桃为落叶乔木，在原产地最大的树高达 55m，胸径 250cm。10 年生以上树体老皮呈灰色，纵裂后片状剥落。果长圆形，长 3.5 ~ 8cm，具纵棱脊，外被黄色或灰黄色腺鳞，果实成熟时，坚果外的青果皮呈有规则的四瓣裂开；坚果长圆形或长椭圆形，长 2.5 ~ 6cm，光滑，浅褐色，具暗褐色斑痕和条纹，壳较薄；仁味美，有香气，品质极佳（彩图 8）。

第二节　核桃的主要栽培品种

我国核桃品种按其来源、结实早晚、核壳厚薄和出仁率高低等，将其划分为 2 个种群、2 大类群和 4 个品种群。

按来源将核桃品种分为普通核桃和泡核桃（漾濞核桃）两大种群；每个种群按开始结果早晚分为早实类型、晚实类型两大类群；再按核壳厚薄等经济性状将每个类群划分为纸皮核桃、薄壳核桃、中壳核桃、厚壳核桃 4 个品种群。

一　普通核桃良种

在普通核桃中，按实生苗结果的早晚分为早实核桃（2 ~ 4 年结果）和晚实核桃（5 ~ 10 年结果）两类。早实核桃具有结果早、侧芽形成混合芽比例高、易丰产等特点，适合密植丰产栽培。但早实核桃的抗性较差，要求栽培管理水平较高，大量结果后树势容易衰弱，易得病害。晚实核桃进入结果期较晚，但经济寿命较长，适应性较强。近年来也选育和引进了一些优良品种。生产中应以晚实品种为主，在立地条件较好、管理水平较高的地方，可适当发展一些早实核桃品种。

1. 早实核桃良种

（1）**辽核1号**　由辽宁省经济林研究所人工杂交培育而成。亲本为河北昌黎大薄皮（晚实）优株 10103 × 新疆纸皮核桃中的早实单株 11001。于 1980 年定名。已在辽宁、河南、河北、陕西、山西、北京、山东、湖北等地大面积栽培。坚果圆形，果基平或圆，果顶略呈肩形。纵径 3.5cm，横径 3.4cm，侧径 3.5cm，坚果重 9.4g，壳面较光滑，色浅；缝合线微隆起，结合紧密，壳厚 0.9mm，内褶壁退化，可取整仁，出仁率 59.6%。种仁饱满，黄白色，风味佳。属雄先型品种，长势强，枝条粗壮，果枝率高，丰产。适应力强，比较耐寒、耐旱，抗病力强。坚果品质优良，适宜在我国北方核桃栽培区发展（彩图9）。

（2）**香玲**　由山东果树研究所王钧毅等于 1978 年人工杂交培育而成。亲本为早实优系上宋 5 号 × 阿克苏 9 号。于 1989 年定名。属雄先型品种，树势较旺，树姿较直立，分枝力较强。适应性较强、丰产，适宜在山区土层较深厚和平原林粮间作栽培。

（3）**中农短枝**　中农短枝填补了国内短枝矮化型核桃的空白。属雌先型品种，9 月中旬成熟，果枝率 84.7%，侧生果枝率 86.7%，每果枝平均坐果 1.4 个。适宜在山丘土层较厚和干旱少雨地区集约化栽培。该品种抗寒、抗旱、耐贫瘠，丰产，适应性强。

（4）**辽核5号**　由辽宁省经济林研究所刘万生等人工杂交培育而成。已在辽宁、河南、河北、陕西、山西、北京等地栽培。适应性强，坚果品质优良，适宜在我国北方核桃栽培区发展。

（5）**北京861**　由北京市林业果树研究所从新疆核桃实生苗中选育而成。树势中庸，树姿较开张，属早熟品种，适应性强，较丰产，适宜华北山区栽培。较抗寒、耐旱，抗病力强。结果多时果实变小，应注意疏果和加强肥水管理，适于密植栽培。

（6）**中林5号**　由中国林业科学研究院人工杂交育成。1989 年

13

通过林业部鉴定。坚果圆形，树势中庸，树姿较开张，分枝力强，枝条粗，节间短，以短果枝结果为主，丰产。属雌先型品种，8月下旬果实成熟，属早熟品种。抗病力、抗寒力和耐旱性均较强。属短枝型品种，适宜密植栽培。

(7) 中林1号 由中国林业科学研究院奚声珂等人工杂交育成。亲本为涧9-7-3×汾阳串子。于1989年定名。主要栽培于河南、山西、陕西、四川、湖北等地。坚果圆形，果基圆，果顶扁圆。属雌先型品种，树势较强，树姿较直立，分枝力强。适应性较强，丰产，适宜在华北、华中及西北地区栽培，是理想的果材兼用品种。

(8) 鲁光 由山东果树研究所王钧毅等于1978年杂交育成。亲本为新疆卡卡孜×上宋6号。于1989年定名。主要栽培于山东、河南、山西、陕西、河北等地。坚果长圆形，果基圆，果顶微尖。属雄先型品种，树势中庸，树姿开张，树冠呈半圆形。分枝力较强。适应性较强，丰产，不耐干旱，适宜在土层深厚的立地条件栽培。

(9) 西林1号 由西北农林科技大学高绍棠于1978年从新疆核桃实生园中选出。于1984年定名。主要栽培于陕西、甘肃、河南、河北、山东、山西等地。坚果长圆形，果基圆形，果顶较平。属雄先型品种，树势强，树姿开张。分枝力较强，节间较短。耐瘠薄土壤，抗旱、抗寒、抗病性均较强。适宜于华北、西北及中原地区栽培。

(10) 辽宁7号 由辽宁省经济林研究所刘万生等人工杂交培育而成。已在辽宁、河南、河北、陕西、山西等地大量栽培。坚果圆形，果基圆，果顶圆。属雄先型品种，树势较强，果枝率高，连续丰产能力强。适应性强，坚果品质优良，适宜在我国北方核桃栽培区发展。

(11) 薄壳香 由北京林业果树研究所选育。坚果长圆形，较大。适应性强，较丰产稳产，适宜华北地区栽培。

2. 晚实核桃品种

(1) 石门核桃 由河北卢龙县石门镇所产而得名。具有个大、仁丰、皮薄、易取仁、脂肪和蛋白质含量高、风味香甜等特点。属雄先型品种，抗逆性强，为仁油兼用品种。9月上中旬成熟。在国内外市场上享有盛誉。

（2）**冀丰** 由河北省昌黎果树研究所选育，于 2001 年通过省级审定并定名。抗寒、耐旱、抗病力强。果实 8 月下旬成熟。适宜华北地区栽培。

（3）**礼品 2 号** 由刘万生等于 1977 年从辽宁经济林研究所的实生核桃园（母树为新疆晚实纸皮核桃）中选出。于 1989 年定名。主要栽培于辽宁、河北、北京、山西、河南等地。属雌先型品种，树势中庸，树姿半开张，分枝力较强。丰产抗病，适宜在我国北方核桃栽培区栽培。

（4）**清香** 为晚实核桃优良品种，由日本清水直江从晚实核桃实生群体中选出，1983 年由郗荣庭引入我国。在我国大部分核桃产区均有栽培，表现良好，以河北省栽培最多。坚果较大，近圆锥形，大小均匀，壳皮光滑浅褐色，外形美观，缝合线紧密。壳厚 1.0 ~ 1.1mm，种仁饱满，内褶壁退化，取仁容易，仁色浅黄，风味极佳。树体中等大小，树姿半开张，属雄先型品种。幼树生长较旺，结果后树势稳定。丰产性好。该品种抗寒、抗晚霜、抗病力均很强（彩图 10）。

二 泡核桃品种

泡核桃是我国西南高海拔山区的重要经济树种。实行嫁接繁殖已有 200 多年的历史，栽培品种也较多。属晚实类群。

（1）**大泡核桃** 又名漾濞泡核桃，为云南早期无性优良品种，有 300 多年的栽培历史。核仁饱满，香甜不涩。树势较强，树姿直立，以中短果枝结果为主，丰产。

（2）**娘青核桃** 为云南早期无性系品种。抗病力和适应性较强，宜作仁用品种栽培。

（3）**三台核桃** 别名草果形核桃。为铁核桃优良品种。主要分布于云南大姚县、宾川县、祥云县等地。属雄先型品种，树势旺，树姿开张，丰产，优质，是云南主栽品种之一。

（4）**穗状核桃** 又名串核桃。为铁核桃优良品种。主要栽培于黔西北高寒山区。每个雌花序着生 10 ~ 20 朵雌花，多者达 30 朵以上，每个果序 5 ~ 10 个果，多者达 20 个以上。属雄先型品种，树势强，树姿开张，分枝力强。耐寒、耐旱；适宜在西南高山地区栽培。

三 普通核桃与泡核桃种间杂交品种

20 世纪 70 年代后期，云南采用泡核桃与普通核桃早实类群杂交，获得了 5 个种间杂交种（云新 1 号、2 号、3 号、4 号、5 号）。这些品种兼具两亲本的优良性状，既有泡核桃的壳薄、风味好和抗逆性强的性状，又有结果期早、侧生混合芽结果率高等丰产性状，在西南高海拔地区迅速发展。1986 年经无性系测定，于 1990 年定为优系。已在云南昆明、漾濞、双江、云县、丽江等地栽植。

此外，还有一些表现好的优良品种（表 2-1、表 2-2）。

表 2-1　我国实生选优育成的其他主要核桃品种

品种（系）	选育单位	来源	发布年份
晋香	山西林业科学研究所	实生后代	1991
晋丰	山西林业科学研究所	实生后代	1990
西林 3 号	西北农林科技大学（高绍棠）	新疆核桃实生后代	1984
西扶 2 号	西北农林科技大学（高绍棠）	隔年核桃实生后代	1984
西扶 3 号	西北农林科技大学（高绍棠）	隔年核桃实生后代	1984
陕核 1 号	陕西省果树研究所	隔年核桃实生后代	1989
北京 746	北京市林业果树研究所（张宏潮）	晚实核桃实生后代	1986
西洛 1 号	西北农林科技大学（高绍棠）	核桃实生后代	1984
西洛 3 号	西北农林科技大学（高绍棠）	核桃实生后代	1987
礼品 1 号	辽宁省经济林研究所（刘万生）	新疆纸皮核桃实生后代	1989
晋薄 1 号	山西省林业科学研究所（刘文德）	山西孝义核桃实生后代	1991
元丰	山东省果树研究所	新疆早实核桃实生后代	1979
薄丰	河南省林业科学研究所	新疆核桃实生后代	1989
绿岭	河北农业大学绿岭果业有限公司	香玲芽变	2005
岱辉	山东省果树研究所	香玲实生后代	2003
金薄香 1 号	山西省农业科学研究院	新疆薄壳核桃实生后代	2004
金薄香 2 号	山西省农业科学研究院	新疆薄壳核桃实生后代	2004
里香	河北省农林科学院	核桃实生后代	2001
岱丰	山东省果树研究所	丰辉实生后代	2000
新巨丰	新疆林科院林业研究所（张树信）	和春 4 号实生后代	1989

表 2-2　我国杂交育成的其他主要核桃品种

品种（系）	研　究　者	亲　本	发布年份
中林 3 号	奚声珂	涧 9-19-15 × 汾阳穗状核桃	1989
鲁 香	张美勇	上宋 6 号 × 新疆早熟丰产	2001
云新 7914	方文亮	云南薄壳核桃 × 新疆核桃	2001
云新 7926	方文亮	云南薄壳核桃 × 新疆核桃	2001
云新 8034	方文亮	云南薄壳核桃 × 新疆核桃	2001
云新 8064	方文亮	云南薄壳核桃 × 新疆核桃	2001
云新 85227	方文亮	云南薄壳核桃 × 新疆核桃	2001
90301	范志远	三台核桃 × 新早 13 号	2002
90303	范志远	三台核桃 × 新早 13 号	2002
岱香	张美勇	辽核 1 号 × 香玲	2003
鲁丰	张美勇	上宋 6 号 × 阿克苏 9 号	2003
元林	侯立群、王均毅	元丰 × 强特勒	2007

第三节　文玩核桃

一　历史渊源

文玩核桃古时被称为"揉手核桃"，起源于汉隋，兴起于明朝，在清朝达到了鼎盛时期，在两千多年的历史长河中盛传不衰，形成了独特的中国核桃文化。古往今来，上至帝王将相、才子佳人，下至官宦小吏、平民百姓，都为有一对出类拔萃的核桃而自豪。两只核桃在手里盘转，可以舒筋活血，有辅助健身、预防疾病的功效。乾隆皇帝曾有诗云："掌上旋日月，时光欲倒流；周身气血涌，何年是白头"。老北京有句话："贝勒手里三件宝，扳指、核桃、笼中鸟"。民间还盛传："核桃不离手，能活八十九；超过乾隆爷，阎王叫不走"。通过把玩，一对普通的核桃年深日久变得晶莹剔透，慢慢就成了一件精美的艺术品。

二　种类及品种

文玩核桃的产地和种类各异，大致分为麻核桃、楸子核桃、铁核桃三大类。麻核桃也就是河北核桃，主要品种有狮子头、公子帽、鸡心、桃心、虎头、官帽、罗汉头等。其产地主要分布在河北、天津、山西和北京的部分山区。由于其在个、色、形、质等方面已经达到了很高的标准，古往今来，就成为人们争相追逐和收藏的对象。

楸子的产地在我国分布也比较广，主要是东北、河北、山西等，产量也比较大。主要品种有鸭子嘴儿、鸡嘴儿、子弹头儿、枣核等。楸子核桃相对较平民化，虽然价钱便宜，但也不乏一些好的品种，如灯笼、枣核都是值得关注的种类。其中还是以异型的比较珍贵，如双联体、三棱儿、四棱儿等。

铁核桃在市场上比较多，但外观上差别不是特别大。其中主要有蛤蟆头、元宝、铁球、异型（三棱儿、四棱儿）等。铁核桃的特点是纹路一般比较浅，尖比较小，个头比较大，相对价格比较便宜，而且不易摔坏。铁核桃手感沉重，一些极具收藏价值的异形核桃多出自铁核桃，如三棱、四棱、鹰嘴、三联瓣、蛇皮纹、铁元宝、牛肚、铁观音等。

严格地讲，文玩核桃真正意义上的品种还很少，河北农业大学于2005年鉴定、审定了首个河北核桃品种"艺核1号"，它是民间把玩核桃品种"鸡心"中的一个大果优良品种。现在民间的品种实际是基于坚果形状而划分的类型，民间的优良类型均出自河北核桃。主要有以下三种。

（1）狮子头 形状饱满，近于圆球形，花纹漂亮，多卷花、绕花、拧花，有洞有眼，状如雄狮头，故得名。按高度可分为高桩和矮桩，按纹路可分为粗纹和细纹，按底儿可分为平底和窝底，其中又以闷尖、矮桩、大底座、水龙纹，横径在4.5cm以上的狮子头最为弥足珍贵，收藏价值极高（彩图11）。

（2）公子帽 形状比狮子头稍矮，特点是缝合线大而薄，特别是接近底部更为明显，形状就像是古代公子们头上戴的公子帽一样，很漂亮，故得名。还有一种形状近似于公子帽，但是要比公子帽长得更饱满，两边缝合线小些，人们将其称作官帽（彩图12）。

（3）鸡心 形状近似鸡心，一般个头较大，多直纹，纹粗边厚，大底。好鸡心揉出来后会有漂亮的龙纹，变化莫测。首个把玩核桃品种"艺核1号"就属于此类。由于纹理粗犷饱满，雕刻作品多源于此（彩图13）。

三　鉴赏

鉴赏核桃因个人审美情趣不同而见仁见智。一般认为个头适中、近圆形、棱宽、壳厚、重量足、凸起多、褶皱深、纹路自然、色泽浓重、亮中透红、红中透明，不是玛瑙胜似玛瑙的，是欣赏把玩的理想效果。历来人们选择核桃是很有讲究的。历史上有"百里难挑一，万中难成对"之说。意思是一百个核桃里很难选出一个理想的核桃，一万个核桃里也难找到理想的一对。如何衡量一对文玩核桃的优劣，要多看、多比较、多交流，如此才具备同常人不同的鉴赏力。需要不断地学习和实践，鉴赏核桃多从质、形、个、色、纹、配等方面综合考虑。

四　雕刻

麻核桃皮厚质坚，纹理粗犷，起伏大，变化丰富，非常适合雕刻。核桃雕刻较适宜灵活多变的手法，而不适宜规整严谨的纹样，重要的是纹样的造型和整体的效果。

核桃雕刻分镂雕和浮雕两种，常见作品有双龙戏珠、百寿图、九龙滚、百犬图、金猴闹春、百鸟朝凤、五毒虫、葫芦万代、龙虎斗、十八罗汉等（彩图14～彩图17）。

第四节　核桃的生长结果习性

一　根系

核桃根系发达，为深根性树种。主根较深，侧根水平伸展较广，须根细长而密集。在土层深厚的土壤中，成年核桃树主根深度可达6m，但主要根群集中分布在20～60cm土层中，约占根系总量的80%以上；侧根长度可达5～8m，最长的水平伸展超过14m，但集中分布在以树干为中心、半径4m的范围内。

核桃1～2年生实生苗的主根生长速度高于地部。3年生以后，侧根生长加快，数量增加。随树龄增加，水平根扩展加速，营养积累增加，地上枝干生长速度超过根系生长。

根系开始活动期与芽萌动期相同，4月中下旬出现新根。一年中有3次生长高峰。第一次在萌芽前至雌花盛花期，第二次在6~7月，第三次在落叶前后。11月下旬停止生长。

土壤条件和土壤环境较好的地块，根系分布深而广。土层瘠薄、干旱或地下水位较高时，根系垂直深度和水平扩展范围均较小，常常导致根系生长不良，地上部枝干生长衰弱，造成"小老树"，影响树体的生长和结果。

> ● 【提示】栽培核桃应选土壤深厚、质地优良、含水量充足的地块，有利于根系发育，可加快地上部枝干生长，达到早期优质、丰产的目的。

二 芽

根据核桃芽的性质、形态、构造和发育特点，可分为混合芽（混合花芽）、叶芽、雄花芽和潜伏芽（休眠芽）4种类型。核桃的复芽较多，生于枝条的叶腋间，上下排列，各种芽的排列方式不同。

1. 混合芽

混合芽也叫混合花芽或雌花芽，萌发后可抽生结果枝、叶片和雌花。晚实核桃多在结果枝顶端及其以下1~2芽，单生或与叶芽、雄花芽上下重叠着生于复叶的叶腋处。早实核桃除顶芽着生混合芽外，以下3~5个（或更多）叶腋间，均可着生混合芽。混合芽体呈半圆形，饱满肥大，一般长5.6mm，粗5.5mm，覆有5~7个鳞片，萌发后能抽生结果枝，开花结果。

2. 叶芽

叶芽着生在营养枝的顶端及以下叶腋间。晚实核桃叶芽数量较多，早实核桃较少。同一枝上的叶芽，由下向上逐渐增大。着生于发育枝顶端的叶芽，芽体较大，呈阔三角形；着生于叶腋间的芽体小，呈半圆形。叶芽萌发后，只长枝条和叶片，是树体生长的基础。幼树期间，顶端叶芽萌发后，生长量大，多形成骨干枝，以扩大树冠。结果期，多数顶芽萌发抽枝后，在良好的营养条件下能形成结果母枝。

3. 雄花芽

雄花芽为裸芽，呈圆锥状，实际为裸生短缩的雄花序。多着生在1年生枝的中部或中下部，单生或双雄芽上下叠生，或与混合芽叠生。雄花芽鳞片极小且不能包被芽体。经膨大伸长后形成柔荑状雄花序，开花后脱落。

4. 潜伏芽

潜伏芽也叫休眠芽。从性质上属于叶芽，扁圆瘦小，通常着生于枝条下部和基部，在正常情况下不萌发。随着枝条的停止生长和枝龄的增加及加粗生长，芽体脱落而芽原基埋伏于树皮内。其寿命可达数十年或百年以上。当树体受到刺激时，潜伏芽可萌发枝条，有利于枝干的更新复壮（图2-1）。

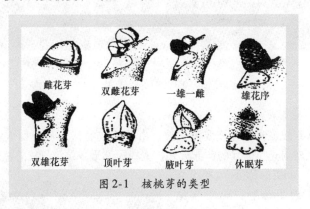

雌花芽　　　双雌花芽　　　一雄一雌　　　雄花序

双雄花芽　　　顶叶芽　　　腋叶芽　　　休眠芽

图 2-1　核桃芽的类型

三 枝条

核桃的枝条按其作用一般分为结果母枝、结果枝、营养枝和雄花枝四种类型。是形成树冠、开花结果的基础。

1. 结果母枝

凡着生有混合芽，下一年能抽生结果枝的枝条叫结果母枝。主要由当年生长健壮的营养枝和结果枝转化形成，顶端及其下2~3芽为混合芽（早实核桃混合芽数量多），一般长5~25cm，其中以直径为1cm、长度为5～15cm的结果母枝结果能力最强，结果质量最好。结果母枝上着生混合芽、叶芽、休眠芽和雄花芽，但有时缺少叶芽或雄花芽。

2. 结果枝

由结果母枝上的混合芽萌发而成，顶端着生雌花结果的枝条称为结果枝。营养条件好、健壮的结果枝顶端可再抽生短枝，多数当年也可形成混合芽，能连续结果。早实核桃还可当年形成当年萌发，当年开花结果，称为二次花和二次结果。

按结果枝的长度可分为长果枝（＞20cm）、中果枝（10～20cm）和短果枝（＜10cm）三类（图2-2）。

长果枝　　　　中果枝　　　　短果枝

图2-2　结果枝类型

3. 营养枝

营养枝也叫发育枝或生长枝，由叶芽或潜伏芽萌发而成。着生于树冠外围充实健壮的营养枝是扩大树冠和形成结果母枝的基础，中庸健壮（50cm以下）者当年可形成结果母枝，第二年结果；由潜伏芽萌发形成的多为徒长枝，长度在50cm以上，直立，节间长，组织不充实，应夏剪进行短截或摘心加以控制和利用，培养成结果枝组，以充实内膛，也可以用来更新复壮（图2-3）。

图2-3　营养枝

4. 雄花枝

雄花枝是指除了顶端着生叶芽外，其他各节均着生雄花芽的枝条，生长细弱短小，顶芽不易分化形成混合芽。雄花序开花脱落后，除保留顶叶芽外，变成光秃枝。树冠内膛或衰弱老树上较多（图2-4）。

图2-4　雄花枝

> ◆ 【提示】 雄花枝量多，无效消耗营养多，是树势衰弱的不良表现，修剪时多数应疏除。

四 叶

核桃叶片为奇数羽状复叶。复叶的多少对枝条和果实的生长发育影响很大。着生双果的结果枝，需要有 5 ~ 6 片以上的正常复叶才能维持枝条、果实及花芽的正常发育和连续结果能力。低于 4 片复叶的，不利于混合芽的分化和形成，且果实发育不良。

在混合芽或叶芽萌动后，可见到着生灰色茸毛的复叶原始体。经 5 天左右，随着新枝的出现和伸长，复叶逐渐展开；10 ~ 15 天后，复叶大部分展开，由下向上迅速生长；40 天左右，随着新梢形成和封顶，复叶长大成形；10 月底温度降低，叶片变黄脱落，进入休眠。

五 开花和坐果

1. 花芽分化

花芽与叶芽起源于相同的芽内生长点；在芽的发育过程中，由于各种内源激素含量及其之间的平衡变化和储藏营养物质水平的不同，一些芽原基向雄花芽和混合芽方向分化，花芽分化是开花和结果的基础。

雌花起源于混合芽内的生长点，混合芽约在6月中旬果实硬核期开始分化，8月上旬分化出苞片和花瓣，8月中旬以后分化较少，晚秋时芽内生长点进入休眠状态，12月上旬以后花器发育停止；第二年春季3月下旬雌花各器官陆续分化完成，芽萌发前分化出雌蕊，4月下旬完成整个雌花的分化，5月上中旬开花。雌花分化全过程约需10个月。早实核桃的二次花于4月中旬开始分化，5月下旬完成。

雄花分化是随着当年新梢的生长和叶片展开，在4月下旬至5月上旬在叶腋间形成。6月上中旬继续生长，形成苞片和花被原始体，可以明显看到有许多小花的雄花芽，6月中旬至第二年3月为休眠期，4月继续发育生长并伸长为柔荑花序，每朵小花有雄蕊3~20枚，苞片3个，花被4~5个。散粉前10~14天形成花粉粒，雄花芽的分化时间较长，一般从开始分化至雄花开放约需12个月。

核桃雌先型与雄先型品种的雌花在开始分化时期及分化进程上均存在着明显的差异。同一雄花序上的单花，基部花先于顶端花分化，在开花时基部花也明显早于顶端花。

2. 开花

根据花的性质可分为雌花和雄花两种，它们着生于同一株树，但在不同的芽内，故称为雌雄同株异花。早实核桃中也发现有雌雄同花序或同花，但数量极少。

(1) 雄花 为柔荑花序，花序平均长8~12cm。每花序有雄花100~180朵。每雄花有雄蕊12~35枚，花药黄色，每个药室约有花粉900粒，每花序约180万粒。有生活力的花粉约占25%。雌花与雄花的比例为1:(7~8)。早实核桃有时出现二次雄花序，这不利于树体的生长和坐果。

春季雄花芽开始膨大伸长，由褐变绿，从基部向顶部逐渐膨大。经6~8天，花序开始伸长，基部小花开始分离，萼片开裂并能看到绿色花药，为初花期；6天后花序停止伸长，花药由绿变黄，为盛花期；1~2天后雄花开始散粉，为散粉期；散粉结束花序变黑而干枯，为散粉末期（图2-5）。

图 2-5　核桃雄花

⚠ **【注意】** 散粉期遇低温、阴雨、大风天气，对自然授粉极为不利，宜进行人工辅助授粉，以增加坐果，保证产量。

（2）**雌花**　为总状花序，着生在结果枝顶端，着生方式有单生、2~3 朵簇生、4~6 朵序生和多花穗状着生（有雌花 10~30 朵）。通常多为 2 或 3 朵簇生。雌花长约 1cm，宽 0.5cm 左右，柱头 2 裂，成熟时反卷，常有黏液分泌物；子房 1 室；在果实发育中胚珠基部向 4 个方向发育的 4 团细胞，常将幼胚子叶隔成 4 瓣。

春季混合芽萌发后，抽生结果枝，随着新梢伸长生长，待长出 3~5 片复叶后，在其顶端露出带有羽状柱头和子房的幼小雌花序，雌花无花被、仅总苞合围在子房外。5~8 天后子房逐渐膨大，柱头开始向两侧张开，称为初花期；4~5 天后，子房长达 5~8mm，柱头向两侧呈倒 "八" 字形反曲开张，表面呈明显羽状凸起，分泌物增多，具有明显光泽的黏状物，称为盛花期；此期接受花粉能力最强，是最佳授粉期，持续时间 5 天左右。4~5 天以后，柱头分泌物开始干涸，柱头反卷，称为末花期。此时授粉效果较差。盛花期的长短，与气候条件有着密切的关系。大风、干旱、高温天气，盛花期缩短；潮湿、低温天气可延长盛花期。但雌花开花期温度过低，常使雌花受害而早期脱落，造成减产（图 2-6）。

（3）**雌雄异熟**　核桃为雌雄同株异花，在同一株树上雌花与雄花的开花和散粉时期常有不一致的现象，称为雌雄异熟。在核桃生产中有 3 种类型：雌花先于雄花开放，称为雌先型；雄花先于雌花开放，称为雄先型；雌、雄花同时开放，称为雌雄同熟型。一般雌

图 2-6　核桃雌花

先型和雄先型较为常见，自然界中，两种开花类型的比例约各占
50%，但在现有选育推广的优良品种中雄先型居多。

雌雄花期不一致，是核桃授粉受精不良、坐果少、产量低的原因
之一。因此，要合理搭配品种，常选择能够相互提供授粉机会的 2~4
个品种进行栽植。对雌先型（雄先型）的品种，配置雄先型（雌先
型）的授粉树，保证二者的雌、雄花成熟期和花期一致，以利于授粉。

3. 坐果

核桃为风媒花，需借助自然风力进行传粉和授粉。授粉距离与
地势、风向有关，最大临界距离为 500m，但 300m 以外授粉的效果
差，最佳授粉距离在 100m 以内。雌花湿性柱头表面产生大量分泌
物，有利于接受和滞留花粉粒，并为花粉粒萌发和花粉管生长提供
必要的营养物质。

核桃花粉落到雌花柱头上，经过花粉萌发，进入子房完成受精
到果实开始发育的过程称为坐果。授粉后约 4h，花粉粒萌发并长
出花粉管进入柱头，16h 后进入子房内，36h 达到胚囊，完成双受
精过程。核桃坐果率一般为 40%~80%，自花授粉坐果率较低，异
花授粉坐果率较高。进行人工辅助授粉的可提高坐果率 15%~
30%。雌花开放后 1~5 天内，羽状柱头分泌黏液多的，柱头接受
花粉能力最强。一天中以上午 9:00~10:00、下午 3:00~4:00 授
粉效果最好。

有些核桃品种存在孤雌生殖现象，即不经授粉受精也能形成种
子。但孤雌生殖能力因品种和年份不同而有所差别。这种特性并不

稳定，每年变化较大。

4. 落花落果

在核桃果实快速生长期中，落果现象比较普遍，多数品种落花现象较轻，落果现象较重。主要集中在柱头干枯后 20～40 天以内，即"生理落果"。自然情况下，核桃生理落果 30%～50%，主要集中在 5 月；当果实横径为 1.3～2.0cm 时，六月下旬后基本停止，果实硬核期后很少脱落。在同样条件下，早实核桃落果率高于晚实核桃，落果主要原因为授粉受精不良、花期低温、树体营养积累不足及病虫害等。

由于雌雄异熟现象，影响授粉、受精与坐果。雄花序的花粉量虽多，但寿命很短，室外生活力仅 5 天左右，刚散出的花粉发芽率90%，1 天后降低到 70%，第 6 天全部丧失生活力。在 2～5℃储藏条件下，花粉生活力可维持 10～15 天，20 天后全部丧失生活力。

核桃为风媒花，由于花粉粒较大，传播距离相对较近。一般距核桃树 150m 之内能捕捉到花粉粒，300m 以外则很少。此外，花期不良的气候条件（如低温、降雨、大风、霜冻等），都会影响雄花散粉和雌花授粉受精，降低坐果率。

营养不足是导致核桃大量落果的重要原因。一是前一年树体积累的储藏营养较少，二是果实发育和枝叶生长对养分的竞争。

> ● 【提示】 加强上一年肥水管理和病虫防治，提高树体营养储藏；春季及时追肥补充树体的营养；精细修剪调节果实与枝叶生长对养分的竞争，均可显著提高核桃的坐果率。

六 果实发育

核桃果实是指带有不能食用绿色果皮的膨大子房。因为没有明显的花瓣，所以雌花朵和幼果不易区分。果实的发育是指从雌花柱头枯萎到总苞变黄并开裂这一整个发育过程。发育过程需要经过一个快速生长期和一个缓慢生长期。快速生长期在开花后 6 周到 6 月中旬，果实生长量约占全年生长量的 85%，1 天内平均生长 1mm 以上；缓慢生长期在 6 月下旬到 8 月上旬，果实生长量约占全年生长量的 15%。

　　从果实整体发育看，大体可分为 4 个阶段，即①果实速长期：一般花后 40 天左右，坐果至硬核前，生长速度快，果实大小基本定型。②硬核期：北方约在 6 月下旬，果实停止增大，绿皮内的核壳开始硬化，种仁由半透明糊糊状变成乳白的嫩仁，种子基本形成，果实体积增加很小。这个时期持续约 35 天。③油化期（种仁充实期）：果实略有缓慢增长，到 8 月上旬停止增长，已达到品种应有大小。果壳进一步硬化，种子进一步充实，这一时期持续 55 天左右。④成熟期：果实变黄，青皮开裂。果实内淀粉、糖、脂肪等有机物成分不断变化，脂肪等主要营养是在果实发育后期形成和积累的。

　　核桃生理成熟的标志是内部营养物质积累和转化基本完成，淀粉、脂肪、蛋白质等呈不溶状态，含水量少，胚等器官发育充实。核桃成熟的外部形态特征是青皮由深绿色、绿色，逐渐变为黄绿色或浅黄色，容易剥离，到果实的青皮顶端出现裂缝，且有部分青皮开裂，最后青皮与坚果果壳分离，导致坚果脱落。一般认为 80% 果实青皮出现裂缝时为采收适期。从坚果内部来看，当内隔膜变为棕色时为核仁成熟期，此时采收，种仁的质量最好。核桃从坐果到果实成熟需 130 ~ 140 天。不同地区、不同品种核桃的成熟期不同。北方核桃多在 9 月上中旬成熟，南方地区稍早些。早熟品种 8 月上旬即可成熟，早熟和晚熟品种的成熟期可相差 10 ~ 25 天（图 2-7）。

图 2-7　果实成熟

　⚠ 【注意】　为了生产优质核桃坚果和提高产量，应适期采收，禁止采收过早。

第五节　对环境条件的要求

一　温度

核桃属喜温树种，适宜生长的温度范围是年平均温度 9 ~ 16℃，极端最低温度 - 25℃，花期或幼果期 - 2℃ 以上，极端最高温度 38℃ 以下，无霜期为 150 ~ 240 天的地区适宜栽培。春季日平均温度 9℃ 以上，芽开始萌动，14 ~ 16℃ 进入花期。开花展叶后，如温度降到 - 4 ~ - 2℃，新梢将被冻坏。花期或幼果期，气温降低到 - 2 ~ - 1℃ 时就会减产。夏天当温度达到 38℃ 以上时，停止生长，易受灼伤。核仁发育不良，形成空蓬。秋季日平均温度 10℃ 开始落叶，进入休眠期。当温度低于 - 20℃ 幼树即有冻害，- 25℃ 枝芽产生冻害，- 29℃ 时产生严重冻害。铁核桃（漾濞核桃）只适应亚热带气候，耐湿热而不耐干冷，适宜生长的温度为 12.7 ~ 16.9℃，极端最低温度 - 5.8℃。

二　光照

核桃是喜光树种，普通核桃光合作用最适的光照强度为 60000lx。结果期的核桃树要求全年日照在 2000h 以上，低于 1000h，坚果核壳和核仁发育不良。特别在雌花开花期，若光照条件良好，坐果率会明显提高；遇阴雨、低温天气，极易造成大量落花落果。北方核桃产区，日照长，产量高，品质好；阳坡、半阳坡较阴坡产量高；外围比内膛结果多。生产中，在园地选择、栽植密度、栽培方式及整形修剪等方面，都必须首先考虑采光问题。

三　水分

一般年降水量 600 ~ 800mm，且分布均匀的地区基本可满足核桃生长发育的需要。核桃不同种群和品种对水分的适应能力有很大差异，铁核桃分布区年降水量为 800 ~ 2000mm，而新疆早实核桃则适应于新疆干燥气候。

核桃对空气湿度适应性强，耐干燥的空气，但对土壤水分较敏感，土壤过干或过湿均不利于核桃生长和结实。核桃果实发育期，需要充足的水分和养分，才能迅速生长。土壤过干，常会引起大量

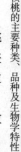

的落花落果，甚至落叶。一般当土壤含水量为田间最大持水量的60%~80%时，适合于核桃的生长发育，当土壤含水量低于田间最大持水量60%时（或土壤绝对含水量低于8%~12%），核桃的生长发育就会受到影响，造成落花落果，叶片枯萎，需要适时灌水。

水分过多对核桃的生长发育也不利。土壤水分过多或长时间积水，会使根系呼吸受阻，严重时可使根系窒息、腐烂，影响地上部分的生长发育，甚至死亡。

建园前应慎重选定园址，同时在栽树前应进行土壤改良，山坡地种植核桃应做好增厚土层、健全水土保持设施等工程。平地建园应解决排水问题，地下水位应在2m以下。结果树若遇秋雨频繁时，常会引起青皮早裂，导致坚果变黑，降低坚果的营养和商品价值。

四 土壤

核桃为深根性树种，对土壤的适应性较强。以土质疏松、土层深厚、排水良好、肥沃的沙壤土及壤土为宜，黏重板结的土壤或过于瘠薄的沙地不利于核桃的生长发育。适宜生长的pH为6.2~8.2，最适pH为6.5~7.5。核桃喜钙，在石灰性土壤上生长结果良好。

土壤含盐量过高会影响核桃的生长发育，能够忍耐的土壤含盐量在0.25%以下，超过0.25%就会影响生长发育和产量，导致树体死亡。其中氯酸盐比硫酸盐危害更大。土壤中高含量钠、氯、硼的危害尤为严重。症状表现先在叶尖、叶缘出现枯斑，逐渐扩大到叶片中脉乃至整个叶片。

核桃根系具有内生和外生菌根，这些菌根能够促进根系对营养的吸收，有利于核桃的生长发育。重茬会导致土壤有害微生物数量增加而使有益微生物数量减少，使土壤中线虫和有害真菌密度增加，重茬园营养元素的失调也会加重病虫害的发生。

五 海拔

核桃适应性较强，栽培广泛。在北方地区核桃多分布在海拔1000m以下的地方；秦岭以南多生长在海拔500~2500m的地方，云贵高原多生长在海拔1500~2500m的地方。其中云南漾濞地区海拔1800~2000m，为铁核桃适宜生长区，在该地区海拔低于1400m，则生长不正常，病虫害严重。辽宁西南部核桃适宜生长在海拔500m以下的地区，高于500m，由于气候寒冷，生长期短，核桃不能正常生长结果。

六 地形和地势

核桃适宜生长在背风向阳、土层深厚、水分状况良好的地方。阳坡核桃树的生长量和产量明显高于阴坡和半阳坡。核桃适宜生长在10°以下的缓坡地带，坡度在10°～25°的地带需要修筑相应的水土保持工程；坡度在25°以上的地带则不宜栽植核桃。

第三章
核 桃 育 苗

核桃育苗包括对苗圃地和种子的选择、播前处理、播种、苗期管理、苗圃嫁接、接后管理、起苗、苗木运输、苗木分级、假植等。

第一节　核桃实生苗的培育

培育品种优良、健壮的苗木，是核桃生产发展的前提和基础。近年来，我国不仅在核桃嫁接技术方面取得了许多成功的经验，而且选育出了一批产量高、品质优、抗性强的优良品种，为核桃的品种化栽培奠定了基础。嫁接苗不仅能够保持品种的优良性状，使核桃具有较高的商品价值，而且具有结果早、易丰产及能充分利用核桃砧木资源等优点。

一　苗圃地选择及整地

（1）苗圃地选择　苗圃地应选择在交通方便、地势平坦、土壤肥沃、土层深厚（1m以上）、土质疏松、背风向阳、排灌方便的地方。重茬会造成必需元素的缺乏和有害毒素的积累，使苗木的产量和质量下降。因此，不宜在同一地块上连年培育核桃苗木。土壤以沙壤土、壤土和轻黏壤土为宜。苗圃要进行全面规划，一般应包括采穗圃和繁殖区两部分。

（2）苗圃地的整地　包括深耕、作畦和土壤消毒等工作。

深耕时秋耕宜深（20~25cm），春耕宜浅（15~20cm）；干旱地区宜深，多雨地区宜浅；土层厚时宜深，河滩地宜浅；移栽苗宜深（25~30cm），播种苗可浅。北方宜在秋季深耕，耕前每亩施有机肥400kg左右，并灌足底水，春季播前再浅耕1次，然后耙平作畦。

作畦可采用高床、低床或垄作3种方式。南方多雨地区宜用高床，北方水源缺乏地区可采用低床。垄作的优点在于土壤不易板结、肥土层厚、通风透光、管理方便。在灌溉方便的地方，可采用垄作育苗（图3-1）。

高床   垄作   低床

图3-1 苗圃地作畦

土壤消毒的目的是消灭土壤中的病原菌和地下害虫，生产上常用的药剂是甲醛和五氯硝基苯混合剂等。预防地下害虫可用辛硫磷制成毒土，在整地时翻入土中。

二 实生砧木苗培育

砧木苗是指利用种子繁育而成的实生苗。作为嫁接苗的砧木，要求其种子来源广泛、繁殖方法简便、繁殖系数高，而且亲和力好，适应性强。

1. 砧木选择

砧木应适合当地生态条件及砧木和接穗的特点。我国核桃砧木主要有7种，即核桃、铁核桃、核桃楸、野核桃、麻核桃、吉宝核桃和心形核桃。目前，应用较多的是前4种。以核桃作本砧最为普遍。

（1）核桃 是目前核桃的主要砧木，用本砧作砧木，具有嫁接亲和力强、成活率高、接口愈合牢固、生长结果良好等优点。缺点是种子来源复杂，实生后代分离广泛，在出苗期、生长势、抗逆性和与接穗亲和力等方面存在明显差异，影响苗木的整齐一致。

（2）**铁核桃** 也叫夹核桃、坚核桃、硬壳核桃等。它与泡核桃是同一个种的两个类型。主要分布在我国西南各省，是泡核桃、娘青核桃、三台核桃、细香核桃等优良品种的良好砧木。铁核桃作砧木嫁接泡核桃亲和力良好且耐湿热，缺点是不抗寒。

（3）**核桃楸** 又称楸子、山核桃等。主要分布在东北和华北各地。其根系发达，适应性强，抗寒、抗旱、耐瘠薄，是核桃属中最耐寒的一个种，适于北方各省种植。但其嫁接成活率和成活后的保存率都不如核桃本砧高，大树高接部位高时易出现"小脚"现象。

（4）**野核桃** 主要分布在江苏、江西、浙江、湖北、四川、贵州、云南、甘肃、陕西等地，喜温暖，耐湿，嫁接亲和力良好，适合当地环境条件，主要用作当地核桃的砧木。

（5）**枫杨** 在我国分布广，多生于湿润的沟谷和河滩地，其根系发达，抗涝，耐瘠薄，适应性较强。但枫杨嫁接核桃成活后的保存率很低，可在潮湿的环境条件下选用，不宜在生产上大力推广。

此外，黑核桃作为普通核桃的砧木也正在试验中。

2. 种子的采集和储藏

（1）**种子的采集** 应选择生长健壮、无病虫害、坚果种仁饱满的壮龄树（30～50 年生）为采种母树。夹仁、小粒或厚皮的核桃，商品价值较低，但只要成熟度好，种仁饱满，即可作为砧木苗的种子。当坚果达到形态成熟，即青皮由绿变黄并出现裂缝时，方可采收。此时的种子发育充实，含水量少，易于储存，成苗率也高。若采收过早，胚发育不完全，储藏养分不足，发芽率低，即使发芽出苗，由于生活力弱，也难成壮苗。

种子采收的方法有捡拾法和打落法两种，前者是随着坚果自然落地，每隔 2～3 天树下捡拾 1 次；后者是当树上果实青皮有 1/3 以上开裂时打落。一般种用核桃比商品核桃晚采收 3～5 天。种用核桃不必漂洗，可直接将脱去青皮的坚果捡出晾晒。未脱青皮的堆沤 3～5 天后即可脱去青皮。难以离皮的青果一般无种仁或成熟度太差的，应剔除。脱去青皮的种子应薄薄地摊在通风干燥处晾晒，种子晒干后进行粒选，剔除空粒、小粒及发育不正常的畸形果。

种用核桃脱皮后，不宜在水泥地面、石板、铁板上让日光直接曝晒，以免影响种子的生命力。

（2）种子的储藏 要求种子种仁饱满，没有漂洗，当年采收的新核桃。黑仁、瘪仁及破损率应小于15%；每千克种子有130~140粒。

核桃种子无后熟期。秋播的种子无须长时间储藏，晾晒也不必干透，一般采后1个月后即可播种，带青皮秋播效果也很好。而春播的种子需经过较长时间的储藏。核桃种子储藏时的含水率以4%~8%最为合适。储藏环境应注意保持低温（−5~10℃）、低湿（空气相对湿度50%~60%）和适当通气，并注意防止鼠害。

核桃种子的储藏方法主要是室内干藏法。即将干燥的种子，装入袋、篓、木箱、桶等容器内，放在经过消毒的低温、干燥、通风的室内或地窖内。种子少时可吊在屋内，既可防鼠害，又利于通风散热。种子如需过夏储藏，需密封干藏，即将种子装入双层塑料袋内，并放入干燥剂密封，然后放入能制冷、调温、调湿和通风的种子库或储藏室内。温度控制在−5~5℃之间，相对湿度60%以下。

3. 种子播前处理

核桃播种前需要进行一系列的处理。首先，种子要进行水选，方法是将种子放入盛水的大缸内，去除漂浮的劣质种子。秋季播种，最好先将核桃种子用水浸泡24h，使种子充分吸水后再播种。

春季播种，需进行一定处理才能促进种子发芽。常用方法如下：

（1）层积沙藏 选择排水良好、背风向阳、没有鼠害的地点，挖储藏沟（量少时挖储藏坑）。沟的深度为0.7~1.0m，宽度为1.0~1.5m，长度依储藏种子的数量而定。冻土层较深的地区，储藏沟应适当加深。储藏前先对种子进行水选，去掉漂浮于水面的不饱满种子，将剩余的种子，用冷水浸泡2~3天后再进行沙藏。入储前，先在沟底铺10cm厚的湿沙，湿沙的含水量以手握成团而不滴水为度，然后，在上面放一层核桃，核桃上再放一层10cm厚的湿沙，湿沙上面再放核桃，如此反复，直至距沟口20cm处，最后用湿沙将沟填平。最上面用土培成屋脊型，以防雨水渗入。量大时，沟内每隔2m层积前先竖一通气草把，以维持种子的呼吸和正常的生理活动。

（2）冷水浸种 未能沙藏的种子可用冷水浸泡 7～10 天，要求前两天每天换两次水，以后每天换 1 次，换水一定要彻底。也可将盛有核桃种子的麻袋（或蛇皮袋）放在流水中浸泡，待种子吸水膨胀裂口后即可播种。

（3）冷浸日晒 将冷水浸泡过的种子，放在日光下曝晒几小时，待 90% 以上种子裂口后即可播种。如果不裂口的种子占 20% 以上，应把这部分种子拣出，再浸泡几天，然后再日晒促裂。对于少数未开口的种子，可采用人工轻砸种尖部位的方法进行促裂，然后再播种。

（4）温水浸种 将种子放入缸中，倒入 80℃ 的热水，随即用木棍搅拌，待水温降至常温后浸泡。以后每天换 1 次冷水，浸种 8～10 天，待种子膨胀裂口后，即可播种。

（5）开水烫种 先将干核桃种子放入缸内，再将 1～2 倍于种子的沸水倒入缸中，随即迅速搅拌 2～3min 后，待不烫手时再加入冷水，浸泡数小时后捞出播种。此法多用于中、厚壳的核桃种子。

> ⚠ **【栽培禁忌】** 薄壳或露仁核桃不宜采用温水浸种或开水烫种，以免烫伤种子，影响出苗。

4. 播种

（1）播种时期 秋播宜在土壤封冻前（10 月中下旬到 11 月）进行。秋播操作简便，出苗整齐，种子不需要处理即可直接播种。但缺点是播种时期过早，会因气温较高，使种子在潮湿的土壤中易发芽或霉烂；播种过晚，又会因土壤封冻，操作困难。

春季播种，需要对种子进行一定的处理，促其发芽后再进行播种。土壤解冻后尽量早播，播种越晚当年的生长量就越小。春播前 3～4 天，苗圃地要先浇 1 次透水。

> ⚠ **【栽培禁忌】** 冬季严寒和鸟兽危害严重的地区，不宜采取秋播。

（2）播种量 与种子的大小和种子的出苗率有关。一般情况下，每亩需要 150～175kg，10000 粒以上，可产苗 6000～7000 株。

(3) 播种方法 畦播时，畦面的宽度一般为1m左右，每畦播2行，行距50~60cm，株距15cm，畦两侧各空出20cm，以方便嫁接。

垄作时每垄播1行，宽垄也可播2行，株距15cm。山地直播时宜用穴播，每穴放种子2~3粒，由于核桃种子较大，为节省种子，多采用点播。沟深6~8cm，播种时以种子的缝合线与地面垂直、种尖向一侧为好。出苗时根系舒展，幼茎直立，容易出土，生长迅速（图3-2）。

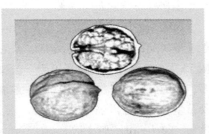

图3-2 核桃播种放置方式

种子上面覆土3~5cm。通常秋播宜深，春播宜浅，缺水干旱的土壤宜深，湿润的土壤宜浅；沙土、沙壤土比黏土应深些。

春播墒情良好的可以维持到发芽出苗，一般不需要浇蒙头水。对于春季干旱风大地区，土壤保墒能力较差时，要浇水。秋季播种的一般可在第二年春季解冻后核桃发芽前浇1次透水。种子萌芽后，如果大部分幼芽距地面较深，可浅松土；如果大部分幼芽即将出土，可用适时灌水的方法代替松土，以保持地表潮湿，促进苗木出土。

核桃苗对除草剂比较敏感，目前可使用的除草剂以氟罗灵为主。使用氟罗灵要注意该药见光易分解，最好在耕地前施入。注意该药不要重复使用，否则对出苗有一定的影响。

5. 砧木苗的管理

(1) 1年生砧木苗 春季播种后20~30天，种子陆续破土出苗，大约在40天苗木出齐。为了培育健壮的苗木，应加强核桃苗期管理。

1）补苗。当苗木大量出土后，及时检查，若缺苗严重，应及时补苗，以保证单位面积的成苗数量。补苗可用水浸催芽的种子点播，也可用边行或多余的幼苗带土移栽。

2）中耕除草。苗圃地的杂草与幼苗争夺水分、养分和光照，有些还是病虫害的媒介和寄生场所，因此育苗地的杂草应及时清除。中耕深度前期2~4cm，后期可逐步加深至8~10cm。

3）施肥浇水。一般在核桃苗木出齐前无须灌水，以免造成土壤板结。但土壤墒情较差时，出苗率大受影响，在播种后 30 天出苗前后，根据墒情可浇 1 次出苗水，并视具体情况进行浅松土。以后要根据墒情结合追肥及时浇水。

苗木出齐后，为了加速生长，应及时浇水。5～6 月是苗木生长的关键时期，幼苗长到 15cm 时，及时追施尿素，每亩 15～20kg。间隔 15 天再施第二次，结合追肥一般要灌水 2～3 次。7～8 月雨量较多，追施磷钾肥 2 次。9～11 月一般灌水 2～3 次，封冻水应予保证，幼苗生长期间还可进行根外追肥，用 0.3% 的尿素或磷酸二氢钾喷布叶面，每 7～10 天喷 1 次。

在雨水多的地区或季节要注意排水，以防苗木晚秋徒长和烂根死苗。

4）摘心。当砧木苗长至 30cm 高时可摘心，促进基部增粗。发现顶芽受害而萌生 2～3 个新梢时要及时剪除弱的，保留 1 个较强的新梢生长。

5）断根。核桃直播砧木苗主根很深，一般长 1m 左右，侧根很少，起苗时主根极易折断，且苗木根系不发达，栽植成活率低，缓苗慢，生长势弱。因此，常于夏末秋初给砧木苗断根，以控制主根，促进侧根生长。用"断根铲"在行间距苗木基部 20cm 处与地面呈 45°角斜插，用力猛蹬踏板，将主根切断。也可用长方形铁锹在苗木行间一侧，距砧木 20cm 处开沟，深 10～15cm，然后在沟底内侧用铁锹斜蹬，将主根切断。

> ◆ 【提示】 核桃苗断根后应及时浇水、中耕。半个月后叶面喷肥 1～2 次，以增加营养积累。

6）病虫害防治。病害主要有细菌性黑斑病等，害虫主要有象鼻虫、金龟子、大青叶蝉等，应注意防治，防治食叶害虫用高效氯氰菊酯、功夫等药剂。

（2）第二年砧木苗 核桃当年生苗木较弱，播种当年不能嫁接，于第二年春天萌芽前将砧木苗平茬、浇水，除去多余萌芽，20cm 高时摘心以增加粗度。

1）间苗。间苗在第二年土壤解冻后到萌芽前进行。间苗前先浇一次水，再用特制的窄边铁锨在要间掉实生苗的两侧各铲一下，再将小苗拔出来。每亩地实生苗到第二年嫁接前最多不超过7000株。间去弱苗、小苗、过密苗。要求留下的实生苗分布均匀，密度一致。

2）间苗后归圃。间下的苗按每亩地7000株归圃栽植，第二年再进行嫁接，归圃要注意在运输过程中避免根系失水，栽植深度要求根颈比地面低5cm，归圃后及时浇水。

3）平茬。平茬就是将实生苗在地面处或略高于地面处剪断。一般在第二年土壤解冻后进行（在3月20日之前完成），平茬前要先浇水。

4）除萌。平茬后会萌发萌蘖，只选留一个生长健壮的，其他的萌蘖都要从基部去掉，注意一定要去除干净。除萌在4月上中旬，当萌蘖长到10~15cm时及时进行。一般要进行2次，以第一次为主，第二次进行1次复查。两次除萌间隔不超过10天。

5）施肥浇水。及时施肥和浇水，肥料要少量多次施入，每次浇水结合亩施尿素10~20kg。一般到嫁接前最少要浇4~5次水，第一次在平茬前进行；第二次在萌芽前后；第三次在第一次除萌后进行；第四次在第二次除萌后进行；第五次在嫁接前1~4天进行。

6）病虫害防治。病虫害主要是受金龟子危害。在萌芽前后，可喷氯氰菊酯或功夫等进行防治。

第二节　核桃苗圃地嫁接

一　采穗圃的建立和管理

核桃嫁接时对接穗质量要求很高，大量结果后的核桃树（尤其是早实核桃），很难长出优质的接穗。因此，要建立良种采穗圃，应培育优质接穗。

1. 采穗圃的建立

采穗圃应建在地势平坦、背风向阳、土壤肥沃、有灌排条件、交通方便的地方，尽可能建在苗圃地内或附近，以保证当天采集的接穗当天能够运回，越快越好。采穗圃以生产大量优质接穗为目的，要求品种一定要纯正、无病虫害、来源可靠。采穗圃的株行距一般株距为 2~4m，行距为 4~5m。

2. 采穗圃的管理

（1）整形修剪　由于优质接穗多生长在树冠上部，树形多采用开心形、圆头形或自然形，树高控制在 1.5m 以内。修剪主要是调整树形，疏去过密枝、干枯枝、下垂枝、病虫枝和受伤枝。在萌芽前必须重剪，要求将中短结果枝疏除，将长果枝和营养枝中短截或重短截，促其抽生较多的长枝。对外围用于扩大树冠的骨干枝修剪要轻，有利于树冠扩大。

（2）抹芽　抹去过密、过弱的芽，如有雄花应于膨大期前抹除，以减少养分无效消耗。

（3）采集接穗前要摘心　春季新梢长到 10~30cm 时，对生长过强的新梢进行摘心，促进分枝和上部接芽老熟，增加接穗芽的数量，防止生长过粗不便嫁接。摘心要有计划地分批进行，防止摘心后接穗抽生二次枝不能利用。

（4）肥水管理　定植后每年秋季要施基肥，每亩 3000~4000kg。追肥和灌水的重点要放在前期，施肥以氮肥为主。立地条件好的在萌芽前一次性施入，立地条件差的在萌芽前和开花后（5月初）分两次施入，每次每亩20kg。也可根据树龄2~3年生的采穗圃每株施尿素0.25~0.5kg，4~6年生施1~1.5kg。浇水要结合施肥进行，萌芽前（3月）浇水1次，新梢速长期（5月）浇水2~3次。夏秋季适当控水，以防徒长并控制二次枝，10月下旬结合施基肥浇足冻水。每次浇水后中耕除草，雨季要注意排涝。

（5）采穗量　采穗过多会因伤流量大、叶面积少而削弱树势，因此，不能过量采穗。一般定植第二年每株可采接穗1~2条；第三年3~5条；第四年8~10条；第五年10~20条；以后要考虑树形和果实产量，并在适当时机将核桃采穗圃转为丰产园。

（6）病虫害防治　由于每年大量采接穗，造成较多伤口，极易发生干腐病、腐烂病、黑斑病、炭疽病等。一般在春季萌芽前喷1次5波美度石硫合剂；6~7月每隔10~15天喷等量式波尔多液200倍液1次，连续喷3次。圃内的枯枝残叶要及时清理干净，以减少病虫源。

二 接穗的采集及处理

1. 接穗的采集

为了提前嫁接，前期采集的接穗有效芽可掌握在 3 个，所剪枝条保留叶片 2~3 个即可，剪接穗时注意，剪断的部位尽量低一点，保证剪下的接穗最下面一个芽可以利用。中后期采集的接穗有效芽要掌握在 5 个以上，所剪枝条保留叶片 3~4 个以上。为了提高接穗的利用率，在接穗采集前 7 天，对要采集的接穗进行摘心处理，可以促进上部接芽成熟，每个接穗可以多出 1~2 个有效芽。采后立即去掉复叶，留 1~1.5cm 长的叶柄。如果就地嫁接，可随采随接。

> ◆ 【提示】采集接穗的剪口和枝条要垂直，这样接穗的伤口较小、失水较慢，还应注意叶片要随剪随去，防止叶片失水对接芽造成损害。

2. 接穗的储运

核桃芽接接穗保存期较短。接穗在采集、运输、储藏、嫁接整个过程中都要注意遮阴和保湿。外出采集必须带湿麻袋，在采集过程中随时扎捆，放到阴凉处盖上核桃剪下的叶片暂时存放，在运输车下面要多垫一些湿核桃叶，然后立即入窖（地窖要提前灌水提高湿度），在大苗圃地嫁接集中的地方可挖一个储存接穗的小地窖，用来临时储藏接穗。异地或远地嫁接，通常需要用塑料薄膜包裹，最好进行低温、保湿运输，以减少接穗水分散失。

三 嫁接方法

核桃嫁接较难成活。近年来，芽接育苗技术逐渐成熟和普及，该技术简便、经济、高效，采用单开门方块形芽接，已经广泛地应用于生产中，成为核桃育苗的主要方法。具有繁殖速度快、省工、省料、成本低、苗木质量高等特点。

（1）嫁接时期 播种后第二年的 5 月下旬至 6 月下旬，当砧木苗基部粗度达到 1cm 左右时嫁接为宜。在有接穗的条件下，砧木只要达到 0.8cm 以上就应及时嫁接，嫁接时间越早越好，一般在 5 月 25 日左右开始嫁接，嫁接苗当年就能够出圃。第一次嫁接在 6 月 15

日前完成。补接工作最晚不迟于 7 月 5 日。嫁接半成品苗可在 7 月 10 日至 8 月 5 日之间进行。

(2) 接穗采集 选取健壮发育枝作接穗，接穗剪下后随即剪掉叶片，只保留叶柄 1~1.5cm，并用湿麻袋覆盖，以防止失水。

(3) 接穗存放 要现采现用。短期保存时，需将接穗捆好后竖着放到盛有清水的容器内，浸水深度 10cm 左右，上部用湿麻袋盖好，放于阴凉处，每天换水 2~3 次，可保存 2~3 天。

(4) 嫁接方法 采用单开门方块形芽接技术。可分为带叶柄双层膜法和不带叶柄单层膜法两种，为了防雨水进入，多用带叶柄双层膜法嫁接。

1) 嫁接工具。用小钢锯条自制小刀或用芽接刀（图 3-3）。

图 3-3　嫁接工具

2) 落腿。嫁接前先将砧木苗下部的 4~5 个叶片去掉。

3) 切取芽片。先把接芽的叶柄在距枝条 1cm 左右基部削掉，在接穗接芽上部 0.5cm 处和叶柄下 0.5~1cm 处各横切一刀深达木质部，要求割断韧皮部，然后在叶柄两侧各纵切一刀，深达木质部但不割断木质部，取下芽片。

4) 砧木单开门切割。在砧木离地面 15cm 光滑处，上下各横切一刀，两刀口相距长度与所取芽片长度一致，宽度为 1.2~1.5cm，然后再在外侧纵切一刀，割断韧皮部不伤木质部。随后用小刀从侧切口处将砧木的皮挑开，挑开后撕去 0.6~0.8cm 宽的砧皮。

5) 镶芽片。将芽片镶到砧木开口处，上面对齐，芽片镶到里面去，不要将芽片盖到砧木外，在镶芽片和绑缚过程中不要将芽片在砧木上来回摩擦，避免损伤形成层。

6) 绑缚。第一层膜用宽 2.5cm，厚 0.014~0.02mm 的塑料条自下而上绑缚，用力要适中，绑缚叶柄时注意力度，使接芽的护芽肉部分贴到砧木上，不要用力过大。绑缚时注意不要绑住接芽。第二层膜用宽 12 cm 的地膜将接芽包好，下部松一些，上部要绑死绑紧，防止雨水进入（图3-4）。

| 落腿 | 切取芽片 | 砧木单开门 |
| 镶芽片 | 第一层膜绑缚 | 第二层膜绑缚 |

图3-4　带叶柄双层膜单开门方块芽接

7）剪砧。接好后，在接芽上留 2~3 个复叶剪砧，等到接芽长到 5~10cm 时，再在接芽上 3cm 处剪掉砧木，去掉绑缚塑料条（图3-5）。

图3-5　剪砧

不带叶柄单层膜法取芽片操作时，把接芽的叶柄从基部削掉（不要叶柄），绑缚时用宽 2.5cm，厚 0.014~0.02mm 的塑料条一次性绑缚，自下而上，把芽片包严，但不要包住接芽。其他方法和步骤与带叶柄双层膜法相同。

四　接后管理

（1）检查成活和补接　芽接后 15~20 天即可检查成活，对于未成活的应及时进行补接。

（2）除萌　嫁接后砧木容易产生萌蘖，应在萌蘖幼小时及时除去，促进接芽萌发生长，以免与接芽争夺养分，影响嫁接成活率。嫁接后需要除萌1~2次。

（3）去膜剪砧 带叶柄双膜法接后15天左右叶柄脱落后，先浇一遍水，再将地膜及塑料条去掉。将地膜去掉后2~3天（或去膜同时），在接芽上3cm处剪掉砧木，促使接芽萌发。不带叶柄单层膜法等到接芽长到5~10cm时，在接芽上3cm处剪掉砧木，促使接芽生长。

> ● **【提示】** 在剪砧以后应特别注意浇水，地面较干砧木容易发生灼烧现象，接芽容易抽干死掉，可根据具体情况连浇2~3次水。同时要注意及时去除砧木上的萌芽。

（4）绑支柱 核桃枝条较粗、叶片较重、新梢生长较快时，很容易造成风折，暴风雨天气更为严重。在风大地区，当新梢长至30~40cm时，应及时在苗旁立支柱引绑新梢。

（5）肥水管理 当嫁接苗长到10cm以上时，应及时施肥、灌水，促进枝条加速生长。也可进行叶面施肥，前期以氮肥为主，后期增施磷钾肥，避免造成后期徒长。从8月上中旬开始控制肥水，叶面喷施300倍多效唑和磷酸二氢钾2~3次，使枝条充实健壮，枝条老熟，防止枝条徒长，以利安全越冬。

（6）摘心 当新梢长到80~90cm时或到8月下旬至9月上旬，及时摘心，促其停长成熟，储存较多的养分，防止秋后贪青徒长，产生冻害和抽条。

（7）病虫害防治 在生长期，要及时防治各种病虫害，虫害主要有黄刺蛾和棉铃虫，黄刺蛾食叶、棉铃虫为害新嫁接芽片的嫩芽。以高效氯氰菊酯、功夫等杀虫剂防治为主。9月下旬至10月上旬，及时防治浮尘子在枝干上产卵危害。生长后期易染细菌性黑斑病，要注意在7月中下旬开始，每间隔15天喷1次农用链霉素或其他防治细菌性病害的杀菌药，共喷3~4次。

（8）培土防寒 冬季寒冷、干旱和风大的地区，为防止接芽受冻或抽条，在土壤封冻前应在嫁接苗根际培土防寒，培土厚度应超过接芽6~10cm。春季解冻后及时扒开防寒土，以免影响接芽的萌发。对于生长较高的苗木，可将苗木弯倒后再进行培土防寒。

第三节 苗木出圃

一 起苗

（1）起苗前的准备 核桃是深根性树种，主根发达，起苗时根系容易受到损伤，且受伤之后愈合能力较差。因此起苗时根系保存的好坏对栽植成活率影响很大。为减少伤根和容易起苗，要求在起苗前一周要灌 1 次透水，使苗木吸足水分，这对于较干燥的土壤更为重要。

（2）起苗时期 由于北方核桃幼苗在圃内有严重的越冬"抽条"现象，所以起苗时期多在秋季落叶后到土壤封冻前进行。根据当地的气候条件，一般在 10 月底至 11 月初开始起苗。对于较大的苗木或"抽条"较轻的地区，也可在春季土壤解冻后至萌芽前进行起苗，或随起苗随栽植。

（3）起苗方法 核桃起苗方法有人工和机械起苗两种。人工起苗要从苗旁开沟、深挖，防止断根多、伤口大，力求多带侧根和细根。在起苗时，根未切断时不要用手硬拔，以防根系劈裂。苗木不能及时运走时必须临时假植。对少量的苗木也可带土起苗，并包扎好泥团，以最大限度地减少根系的损伤，防止根系损失水分。

> ● **【提示】** 机械和人工起苗都要注意苗木根系完整，主根的长度要掌握在 25cm 左右。要避免在大风或下雨天起苗。

二 苗木分级

苗木起出后首先要进行分级，分级场地要进行遮阴保护，同时还应避风，以减少水分损失。分级采用人工挑选法，根据标准进行苗木分级。

核桃苗木的分级要根据苗木类型而定。对于核桃嫁接苗，要求品种纯正，正确合理选择砧木；地上部枝条健壮、充实，具有一定的高度和粗度，芽体饱满；根系发达，须根多，断根少，主根长度 20cm 以上，侧根 15 条左右；无检疫对象、无严重病虫害和机械损伤；嫁接苗接合部位愈合良好。在此基础上，依据嫁接口以上的高度和接口以上 5cm 处的粗度（直径）两个指标将核桃嫁接苗分为以下等级。五级苗以外的为等外苗（表 3-1）。

表 3-1　核桃嫁接苗分级标准

标准 等级	特级苗	一级苗	二级苗	三级苗	四级苗	五级苗
苗高/m	>1.20	0.81~1.20	0.61~0.80	0.41~0.60	0.21~0.40	<0.21
直径/cm	≥1.2	≥1.0	≥1.0	≥0.8	≥0.8	≥0.7

三　苗木假植

　　起苗后不能及时外运或栽植时，必须进行假植；根据假植的时间长短，可分为短期假植和长期（越冬）假植两类。短期假植时间一般不超过 10 天，可挖浅沟，用湿土将根系埋严即可，干燥时可及时洒水。

　　越冬长时间假植时，假植地应选地势平坦、避风、排水良好、交通方便的沙地或沙土地，地块不要太分散，要便于管理看护。在挖沟前 1~3 天将假植苗木的地块浇一下水，水要大，要注意根据进度浇水，不要一次将所有的假植地块儿都浇完。假植沟方向应与主风方向垂直，一般为南北方向。沟深 0.8~1m、宽 1.2~1.5m，沟长视苗木数量而定，一般小于 50m。假植时在沟的一头先垫一些松土，将苗木向南按 30°~45° 角倾斜放入。之后向沟内填入湿沙土，然后再放第二批苗，依次排放，使各排苗呈覆瓦状排列，树苗不许重叠，根部要用碎土埋，尽量用土把根缝灌满，培土深度应达苗高的 3/4，当假植沟内土壤干燥时应及时洒水，假植完毕后用土埋住苗顶。土壤封冻前，将苗顶上层土加厚到 20~40cm，并使假植沟土面高出地面 10cm 以上，整平以利排水。春季天气转暖后要及时检查，以防霉烂（图 3-6）。

图 3-6　苗木假植

⚠ **【注意】** 苗木假植时，不能用干土埋树苗。

四 苗木包装和运输

（1）包装 根据苗木运输的要求，苗木应分品种和等级进行包装，包装前宜将过长的根系和枝条进行适当剪截，一般每20株或50株打成1捆，数量要点清，绑捆要牢固。并挂好标签，最好将根部蘸泥浆保湿。包装材料应就地取材，可用稻草、蒲包、塑料薄膜等。可先将捆好的苗木放入湿蒲包内，喷上水，外面用塑料薄膜包严。写好标签，挂在包装外面明显处，标签上要注明品种、等级、苗龄、数量和起苗日期等。

数量大、长途运输的，要先用保湿剂（保水剂＋生根粉＋杀菌剂）蘸根，再用塑料袋将根系包好；邮购或托运的，先将苗木整理好，标明数量、规格，装到塑料筒内，加上湿锯末或蛭石保湿，然后放到包装箱内，外套蛇皮袋，用打包机打好（图3-7～图3-10）。

图3-7 蘸保湿剂

图3-8 准备装袋

图3-9 包装好的苗木

图3-10 准备托运的苗木

（2）**苗木运输**　核桃苗运输过程中，根系容易失水受损，应注意保护。必须用篷布把车包好。苗木外运最好在晚秋或早春气温较低时进行。要做好检疫工作。长途运输要加盖苦布，并及时喷水，防止苗木干燥、发热和发霉，严寒季节运输，注意防冻，到达目的地后应立即进行栽植或假植。

—第四章—
核 桃 建 园

核桃建园必须全面规划、合理安排，以适地适树和品种区域化为原则，从园地选择、规划设计到苗木定植，按照低成本、高效益、安全生产标准严格执行。

第一节 园地选择与规划

一 园地选择

核桃树寿命长，具有喜光、喜温等特性。建园前应对当地气候、土壤、雨量、自然灾害和附近核桃树的生长发育状况及以往出现的栽培问题等，进行全面的调查研究，为确定建园提供依据。重点应考虑以下几个方面。

（1）气候 核桃适应性较强，普通核桃在年平均温度 9~16℃，极端最低温度 -25℃，极端最高温度 38℃以下的条件下适宜生长。漾濞核桃只适应于亚热带气候，年平均气温 12.7~16.9℃，最冷月平均气温 4~10℃，极端最低温度 -5.8℃。核桃对适生条件有着较严格的要求，超出范围，生长结果不良，不能形成经济产量，没有栽培价值。

> ◆【提示】 园址的气候条件要符合计划发展的核桃品种的生长发育对环境条件的要求。

（2）**地形**　选择背风向阳、排水良好的平地、沟坪地及山丘缓坡地。适宜生长在10°以下的缓坡地带，坡度再大应修筑相应的水土保持工程，坡度在25°以上的地带则不宜栽植核桃。

（3）**土壤**　要求结构疏松、保水透气性好，适于在沙壤土和壤土上种植，土层厚度为1m以上。黏重板结的土壤或过于瘠薄的沙地均不利于核桃的生长发育。土壤pH适应范围是7.0~7.5。漾濞核桃pH 5.5~7.0。土壤含盐量宜在0.25%以下，氯酸盐比硫酸盐危害更大，含盐量过高则导致树体死亡。喜钙，在石灰质土壤上生长良好。

（4）**排灌**　建园地点要有灌溉条件，排灌系统要畅通，特别是早实核桃的密植丰产园应达到旱能灌、涝能排的要求。一般来说，核桃耐干燥的空气，但对土壤水分状况却比较敏感。土壤干旱不利于根系吸收和地上部叶片蒸腾，造成落花落果或叶片凋萎脱落。土壤水分过多或长时间积水，通气不良，进行无氧呼吸，使根系呼吸受阻，严重时可使根系窒息、腐烂，影响地上部的生长发育，甚至死亡。因此，山地核桃园需设置水土保持工程，以涵养水源、保持水土；平地则应解决排水问题，地下水位应在距地表2m以下。

（5）**环境**　核桃园附近无环境污染，尽量避免工业废气、污水、医院垃圾及过多灰尘等的不良影响。符合农产品安全质量无公害水果产地环境的各项标准要求。

（6）**避免重茬**　在柳树、杨树、槐树生长过的地方栽植核桃，易染根腐病。核桃重茬连作时，对生长也有不利影响，应尽量避免。

二　园地规划

园地规划包括核桃园、防护林、道路、排灌系统、辅助建筑物占地等内容。规划时应根据经济利用土地的原则，尽量提高核桃树占地面积，控制非生产用地比率。占地大致比率为：核桃树占地90%以上，道路3%左右，排灌系统1.5%，防护林5%，其他0.5%。

（1）**作业区**　为保证作业区内农业技术的一致性，同一作业区内的土壤及气候条件应基本一致。在地形变化不大、耕作比较方便的地方，作业区面积为50~100亩，规模较小的核桃园，作业区面积为30~50亩。地形复杂的山地核桃园，为减少和防止水土流失，最好按自然流域划定作业区，其面积不宜作硬性规定。作业区的形状一般为长方形。山地核桃园作业区的长边应与等高线的走向一致；平地作业区的长边应与当地风害的方向垂直，行向与作业区长边一致，以减少和防止风害。

（2）道路系统 主路宽6～8m，并与各作业区和核桃园外界连通，是产品、物资等的主要运输道路。作业区之间的支路宽4～6m。为方便各项田间作业，必要时还可设置1～2m的作业道。道路尽可能与作业区边界相一致，避免过多地占用土地。

（3）建筑物 包括管理用房、药械、核桃、农用机具等的储藏库、配药池等。管理用房和各种库房，最好在靠近主路、交通方便、地势较高、有水源的地方。配药池等地最好位于核桃园或作业区的中心部位，以便于药液的运输。

（4）排灌系统 山地核桃园应结合水土保持工程修水库保蓄雨水。平地核桃园，除引水修渠扩大灌溉以外，在易涝的低洼地带，要注意排水系统的设置。

灌溉系统的设计要根据水源而定。引用流水的干渠位置应高些，支渠设在干渠下边；干渠的走向应与作业区的长边一致，支渠与作业区短边一致。

（5）防护林 加强对主要有害风的防护，通常采用较宽的林带，称主林带（宽约20m）。主林带与主要有害风向垂直。主林带之间距离可加大到500～800m。垂直于主林带设置较窄的林带（宽约10m），称为副林带，用来防护其他方向的风害。在主、副林带之间，可加设1～2条林带，也称折风线，以进一步减低风速，加强防护效果，这样就形成了纵横交错的网络（即林网）。林带网格内的核桃树可获得较好的防护。

林带常以高大乔木和灌木组成。行距2～2.5m，株距1～1.5m。北方乔木多用杨树、泡桐、水杉、臭椿、皂角、楸树、榆树、柳树、枫树、水曲柳、白蜡等。灌木用紫穗槐、沙枣、杞柳、柠条、桎柳等。为防止林带遮阴和树根串入核桃园影响核桃树生长，一般林带南面距核桃树10～15m，北面20～30m。为了经济用地，通常将核桃园的路、渠、林带相结合进行配置。

（6）**核桃品种**　建园时选用的品种，除应具有良好的商品性状外，还要注意其适应能力。特别是从外地引入的品种，在缺乏确切的区域栽培试验等引种根据以前，不可盲目大量引种，要弄清其对土壤、肥力、不良气候条件等的适应能力之后，才能因地制宜地进行引种。

（7）**授粉树**　最好选用2～4个主栽品种，雌先型和雄先型各半，互相提供授粉。如专门配置授粉树时，可按每4～5行主栽品种，配置1行授粉品种。在山地梯田栽植时，可根据梯田面的宽度，配置一定比例的授粉树，原则上主栽品种与授粉品种的比例不超过8:1。

（8）**栽培方式**　主要有3种。一是园片式栽植，无论幼树期是否间作，到成龄树时均为单一核桃园。这种形式能够进行集约化经营，单位面积产量较高。二是间作式栽培，即与农作物或其他果树、药用植物等长期间作，是目前我国核桃的主要栽培方式。三是利用河槽、沟边、路旁或庭院等闲散土地的零星栽植。

（9）**栽植密度**　应根据立地条件、栽培品种和管理水平不同而异。总的来说，应以单位面积能够获得高产、稳产，便于管理为原则。

一般在土层深厚、土质良好、肥力较高的地区，发展晚实核桃时，株行距应大些，可采用5m×7m或6m×8m的密度；若在土层较薄、土质较差、肥力较低的山地，株行距应小些，以4m×6m或5m×7m的密度为宜；以种植作物为主，果粮间作的，株行距应加大到7m×14m或7m×20m等。山地栽植依梯田宽窄而定，台面较窄时只栽一行，台面大于20m的可栽两行，株距一般为5～8m。早实核桃树体较小，可采用3m×5m或4m×6m的株行距。

第二节　核桃栽植技术

一　土壤改良

1. 土壤理化性能的改良

（1）**黏土和沙荒地**　黏土地改良要深翻压沙或客土压沙、翻沙压黏。沙荒地需逐渐改造，通过种植绿肥，增加土壤有机质，通过营造防风林，防风固沙。

（2）盐碱土 可灌水压盐、排水洗盐；也可在栽树前，先种一年或数年耐盐碱的植物，吸收土壤的盐分，以生物排盐法降低土壤中的盐碱。土壤深翻熟化，增施有机肥，增强抗性。

2. 水土保持

（1）保持水土 在坡度较大的地段，在其上坡种植用材林、护坡林，以涵养水源，降低水流量。并在近核桃园的上坡挖沟垒垄，拦截上坡水，引入总排水沟、泄洪沟。

（2）修筑水土保持工程 修筑梯田、撩壕、鱼鳞坑等。通过截断坡面，缩小集流面积，减少地表径流量，同时进行局部平整，减少流速，保持水土。

1）梯田。坡度15°以下的地块最好建成水平梯田。要求是：梯田宽3~4.5m，梯壁不超过3m，梯面外高里低，坡度内倾5°~7°，做到"外撅嘴，里流水"。里沟修成竹节状，沟宽、深均为30~40cm，沟内每隔3~5m设一道土埂，便于缓解水势，蓄排兼顾。

从山顶顺着山坡，沿着果树栽植的等高线为中心，采取里切外垫的方法，将上部的土切下，放到果树的台田外侧，将熟土用于回填（图4-1）。

图4-1 梯田

2）鱼鳞坑。适宜坡度较大、地形复杂的荒山。在山坡上挖近似半月形的坑穴，坑穴间呈"品"字形（三角形）排列，一般坑长（横向）0.8~1.5m，坑宽（纵向）0.6~1m，坑深20~40cm，坑间距离2~3m，挖坑时将表土放在坑的上方，生土堆在下方，挖好后将表土回填坑内，坑下沿用生土围成高20~25cm的半圆形土埂，在坑的上方左右两角各斜开一道小沟，以便引蓄更多雨水（图4-2、图4-3）。

图4-2 鱼鳞坑剖面图　　　　　　图4-3 鱼鳞坑

3）撩壕。适于5°~15°的缓坡修建，是一种临时性水土保持措施，以后逐渐向梯田改造。在坡面上按等高线挖成等高横向的浅沟，将挖出的土堆在沟的外面，筑成土埂，称为撩壕。一般沟宽50~70cm，深40cm，沟内每隔一定距离做一小坝，用于拦水。树苗栽在壕的外坡，壕内蓄水，沟沿种树，行间宽敞，便于耕作和间作。对于控制地表径流、防止土壤冲刷和促进果树生长非常有效（图4-4、图4-5）。

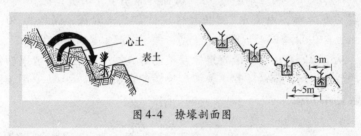

图4-4 撩壕剖面图

山地较陡、深翻改土较困难的可采用爆破松土。方法是：先挖一直径为10cm左右，深100cm的炮眼，往里装入0.3~0.5kg炸药和1m长的导火索，炮眼口用黏土埋实封闭。引爆后，以土壤能被松动而又不被炸飞散为适度，松土面积约为2.5m^2，最后再挖出被炸松、炸碎的岩石，进行深翻改土。

图4-5 撩壕

（3）等高栽植和等高耕作　在缓坡地带、坡度不大、地形平缓的地方建园，树行沿等高线走向排列，耕作按行操作，避免顺坡耕作，这样也能够有效地防止水土流失。

（1）**整地** 无论山地或平地栽植，均应提前进行土壤熟化和增加肥力的准备工作。山地建园应先修梯田，然后栽植。如果工程量大，暂时无法修成，也可先按等高线栽植，修培地埂，然后逐年向梯田过渡。地形较复杂的地方，可先修筑鱼鳞坑，然后逐步扩大树盘，最后修成梯田。平地核桃园在划分作业区的基础上，把地平整好，做好防碱防涝等工作。

（2）**定植点** 核桃园定植整齐，便于管理。在定植前根据规划的栽植密度和栽植方式，按株行距要求，准确地测量好定植点，做好标记，严格按点定植。

（3）**定植穴** 定植穴的大小，一般要求直径和深度均不少于0.8~1.0m，如果土壤黏重或下层为石砾、不透水层的地块，则应加大、加深定植穴，并采用客土、增肥、填草皮土或表层土等办法，改良土壤，促进根际土壤熟化，为根系生长发育创造良好条件。

挖穴时应以栽植点为中心，挖成上下一致的圆形穴或方形穴（不要挖成上大下小的锅底形）。最好是秋栽夏挖，春栽秋挖，可使土壤晾晒，充分熟化，积存雨雪，有利于根系生长。严重干旱缺水的地方，蒸发量大，应边挖边栽以利保墒，这样可提高成活率。

填土时可以先填入部分表土，再将挖出的土与充分发酵好的基肥混合后填入，基肥以腐熟好的厩肥为好，每个坑施入10~15kg，边填边踏实。填土至离地面约30cm时，将填土堆堆成馒头形，踏实，覆一层底土，保证核桃苗根系不直接与肥接触。填土后有条件者可先浇一次水后再栽树，使土沉实。

（4）**苗木处理** 定植前，将苗木的伤根和烂根剪除，然后放在水中浸泡半天，或用泥浆蘸根保湿，能显著提高成活率。将苗木按品种分发到定植穴边。

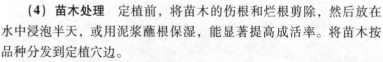

【提示】 苗木应分级栽植，同一级别的苗木栽在一个作业区，达到整齐一致，便于栽培管理。

三 栽植

　　栽植时期分为春栽和秋栽两个时期。北方冬季气温较低，冻土层较深，冬季早春多风，为防止"抽条"和冻害，以春栽为宜。春栽宜早不宜迟，否则对缓苗不利。秋栽时，应注意幼树防寒。

　　将苗木放入定植穴，接口朝向当地主要风害方向（避免被风吹断），将根系舒展，向四周均匀分布，避免根系相互交叉或盘结，并将苗木扶直，左右对准，使其纵横成行，整齐一致。然后填土，边填边踏边提苗，并轻轻抖动，以便根系向下伸展与土紧密接触。培土到与地面相平时，踏实，围出树盘（按照"三埋两踩一提苗"的要求进行栽植）（图4-6）。

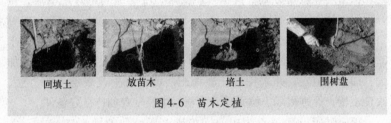

| 回填土 | 放苗木 | 培土 | 围树盘 |

图4-6　苗木定植

　　充分灌水，浇大水1次，要求将树坑灌透，待水完全渗后，用土封穴。及时在树盘内覆盖一层干土保墒（图4-7）。

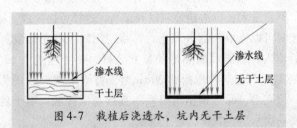

图4-7　栽植后浇透水，坑内无干土层

　　⚠️【注意】　在浇水困难的地方栽树，不要挖大坑，坑最好要小些，水一定要灌透。

　　苗木栽植深度可比原苗根颈深度多5cm，要"挖大坑、浅栽树"。1周后再浇1次水（图4-8、图4-9）。

嫁接口

平茬处

图 4-8　栽植深度线　　　　图 4-9　适宜栽植深度

再用地膜覆盖树盘，增加地温，减少土壤水分蒸发，以利苗木成活，缩短缓苗期（图4-10）。

在地膜上面再覆一层土保墒

图 4-10　地膜覆盖树盘，膜上再覆土，除草又抗旱

四　栽后管理

（1）**检查成活及补栽**　春季萌芽展叶后，及时检查成活情况，对未成活的及时补栽。

（2）**定干**　对达到定干高度要求的在萌芽后及时定干。栽大苗要在距地面70～80cm处定干，不够定干高度的苗应重短截（留1～2个饱满芽）（图4-11）。

大苗定干　　　　　小苗重短截　　　　重剪苗长势旺

图 4-11　定干

（3）**防虫袋保护萌芽** 核桃苗发芽时要注意保护新芽，防止春天食叶害虫（金龟子、大灰象甲等）的危害，可用窗纱或纱布等缝制成防虫袋套住整形带范围内的萌芽，等到新梢长到 15～20cm 时再将防虫袋去掉（图4-12）。

（4）**及时除萌** 核桃苗发芽后，及时将整形带以下的萌芽去掉，有利于留下的芽健壮生长。

（5）**叶面喷水、尿素** 在春季干旱少雨时，新定植的核桃树在出枝后每隔2～3天叶面喷1次清水，间隔7～10天喷1次0.2%的尿素，能明显提高当年的生长量。

（6）**加强肥水管理，防治食叶害虫** 待新梢长到 15～20cm 后，结合浇水，每株追尿素 50g。然后每隔15～20天追肥1次，连追2、3次。同时结合防治食叶害虫，每隔7～10天喷1次叶面肥，选用促进生长的营养叶面肥为主，也可以喷0.2%～0.3%的尿素。

（7）**幼树防寒、防抽条** 核桃枝条髓心大，水分多，抗寒性差。在北方比较寒冷的地区容易遭受冻害，造成枝条干枯（图4-13）。

图4-12　套防虫袋　　　图4-13　低温冻害

核桃新栽幼树，常常由于管理不善，枝条组织发育不充实，经过冬季严寒受冻和早春温度的变化，枝条大量失水，由上向下逐渐干枯，这种现象称为"抽条"（也叫灼条）。自然生长经常的表现是地上部干枯后，第二年再从根部萌生枝条，然后再抽条，年复一年，不能形成树冠，严重地影响了幼树成形和提早结果（彩图18）。

因此，在定植后1～2年内，要根据当地的具体情况，进行幼树防寒和防抽条工作，以加快形成树冠，及早成形。防冻害和抽条的主要措施如下。

1）摘心。生长强旺新梢于每年 8 月摘心，促进新梢充实，提高枝条成熟度，能安全越冬。秋梢生长期短，缺少营养积累，枝条发育不充实，不利于安全越冬。要在 7 月底至 8 月初及时摘心，摘心后又长出新梢，到 8 月底至 9 月上旬还没有停长时，应再一次摘心（图4-14）。

新梢第一次摘心   新梢第二次摘心

图 4-14　新梢摘心

2）增施磷钾肥。幼树多施有机肥和磷钾肥，使枝条充实，提高抗寒性。2～3 年生的树在萌芽前每株追施尿素 0.1～0.3kg，待新梢长到 15～20cm 时再追施尿素 1 次，促进核桃树迅速生长。到 6 月上旬结合摘心，再追 1 次尿素。7 月上旬开始不再追施氮肥，要追 1～2 次磷钾肥。从 7 月下旬开始，叶面喷施 0.3% 磷酸二氢钾和 300 倍 15% 多效唑 2～3 次，使枝条充实健壮，在秋季落叶前后，每株沟施 20～30 kg 的有机肥，可防止枝条徒长，以利安全越冬。

3）埋土防寒。冬季土壤封冻前，将 1～2 年生幼树轻轻弯倒，使顶部接触地面，然后用湿土、细土埋好，埋土厚度视当地气候条件而定，一般为 20～40cm，踏实，再覆 5cm 干细土，防止水分蒸发，第二年春季土壤解冻后至发芽前（当地杏花开时），及时撤去防寒土，并将幼树扶直。此法是防止抽条最有效、最可靠的措施（图4-15）。

示意图   实图

图 4-15　埋土防寒

4）套袋装土。对不易弯倒的树苗外套直径为 20～40cm 的蛇皮袋，里面装湿土，越冬防寒效果很好（图4-16）。

示意图　　　　　　　　　　　　实图

图4-16　套袋装土

5）培土、缠地膜。对于弯倒有困难的粗壮幼树，可采用培土、缠塑膜、缠纸、包草等方法进行越冬保护。在苗木基部40cm 的范围内培一个土堆，以防冻伤根颈及嫁接口。在第二年春季气温回升且稳定后去掉，整平树盘（图4-17～图4-19）。

图4-17　缠报纸防寒　　　　　图4-18　缠塑膜防寒

6）涂白。3 年生以上的粗壮幼树越冬，树干要通过涂白保护，涂白剂的配制方法：食盐 1kg、生石灰 5kg、清水 15kg，再加入适量的黏着剂和石硫合剂的残渣等进行涂抹（图4-20）。

图4-19　缠纸后培土　　　　　图4-20　树干涂白
　　　　堆40cm 防寒

7）涂保护剂。常用的保护剂为 2%～3% 的聚乙烯醇。也可用 100～150 倍的羧甲基纤维素和 5～10 倍的石蜡乳剂。

在 11 月下旬和 2 月中下旬各涂 1 次防冻剂，把全树主干及分枝都涂上。防冻剂的配制方法一般采用"聚乙烯醇与水按 1：（15～20）"的比例进行熬制。先将水烧至 50℃ 左右，然后加入聚乙烯醇，随加随搅拌，直至沸腾，然后用文火（即小火）熬制 20～30min 后即可。待温度降到不烫手后使用。此法适用于主干较粗不易弯倒的 1～2 年生树（图 4-21）。也可以在封冻前和春节后各喷 1 次 1%～2% 的聚乙烯醇（图 4-22）。

图 4-21　涂抹聚乙烯醇　　　　图 4-22　喷聚乙烯醇

➲【提示】熬制聚乙烯醇时，不能等水烧开后再加入，否则聚乙烯醇不能完全溶解，使溶液不均匀，影响效果。

⚠【栽培禁忌】核桃防寒禁止涂凡士林，因为凡士林对枝条有腐蚀作用，涂到哪里枝条死到哪里，切忌使用。

——第五章——
核桃高接换优

我国现有实生核桃树约 1 亿株，大部分为产量低、品质差、结果晚，甚至不结果的低产树。高接换优可利用优良品种早果、高产、优质的遗传特性，对现有核桃资源中适龄但不结果或坚果品质低劣的树进行嫁接改造，改变其结果晚、产量低、品质差的缺点。生产上常用插皮舌接、绿枝嫁接、方块芽接等方法。

一 硬枝嫁接

核桃嫁接尤其是枝接成活率很低，原因是：①接穗和砧木中含有单宁，遇空气氧化生成黑褐色隔离层，阻碍接穗和砧木间的细胞物质交流。②春季枝接，有伤流。③枝条粗壮弯曲，髓心大，叶痕凸出，取芽困难。

提高嫁接成活率的主要措施是：①加快操作速度，使削面光滑。②在伤流不太严重的情况下，可随剪砧随接。如果伤流较多，枝接前几天，将砧木剪断"放水"，伤流流出后再接，也可在嫁接部位下开放水口，截断伤流上升，以减少嫁接时伤流的发生。③选择枝条粗壮而髓心小的作接穗。④削面加长，为 10~12cm。

1. 接穗采集

从核桃落叶后到第二年春萌芽前均可进行接穗采集工作。对于北方核桃抽条严重或枝条易受冻害的地区，以秋末冬初（11~12

月）采集为宜。此时采集的接穗要妥善保存，关键要防止储藏过程中接穗水分的损失。冬季抽条和寒害较轻的地区，最好在春季接穗萌动之前采集或随采随接，以萌芽前 10 ~ 20 天采集接穗为宜。这样，接穗储藏时间短，养分和水分损失较少，能显著提高嫁接成活率。

接穗多采自树冠外围长 1m、粗 1 ~ 1.5cm，健壮充实，髓心小，无病虫害的发育枝。一般选取枝条中下部发育充实的枝段。每 30 根或 50 根扎成 1 捆，标明品种名称，不剪截、不蜡封。

2. 接穗储运

接穗越冬储藏时，可在背阴处挖宽 1.5 ~ 2m、深 80cm 的储藏沟，长度依接穗的多少而定。将标明品种的接穗平放在沟内，堆放不宜太厚。每放一层小捆，中间要加 10cm 左右的湿沙或湿土；最上一层的接穗上面要覆盖 20cm 的湿沙或湿土。为了保持土壤或沙子的湿度，接穗放好后，需要浇 1 次透水。土壤封冻后，将上面的土层加厚到 40cm。冬季采集的接穗不要剪截，也不要进行蜡封，否则会因水分损失而影响嫁接成活率。接穗最适的储藏温度为 0 ~ 5℃，最高不超过 8℃。接穗在长途运输时要进行保湿处理，可将接穗用塑料薄膜包严，膜内放入湿锯末或苔藓。

3. 接穗处理

嫁接前要进行剪截与蜡封处理。剪截长度一般为 16cm 左右，有 2 ~ 3 个饱满芽。剪截时要特别注意顶部第一芽的质量，一定要完整、饱满、无病虫害，顶端第一芽距离剪口 1.5cm 左右。顶部枝梢段一般不充实，木质疏松、髓心大，剪截接穗时应去掉。

蜡封能有效地防止接穗失水，提高枝接成活率。蜡封时，温度控制在 90 ~ 100℃之间。为了使蜡液温度易于控制，可在蘸蜡容器内加入 50% 左右的水。在实际操作中应注意蜡温不能过低，接穗表面也不能有水。蜡温低（90℃以下）时，接穗表面蜡膜变厚，坚固程度变差；接穗表面有水，蜡封不牢固，蜡膜发白，容易剥落。用蜡封好的接穗，在打捆、标明品种后，放在湿凉环境（如地窖、窑洞、冷库等）中备用。

4. 砧木的选择及处理

应选立地条件较好、易于管理、30 年生以下的健壮树（上一年秋季施足底肥）作砧木。嫁接前 1 周，按树冠从属关系锯好接口，幼龄树可直接锯断主干，大树要多头高接。嫁接部位直径在 5cm 以下为宜，过粗不利于接口愈合，也不便绑缚。提前断砧的目的在于放水，伤流多时还可在树干基部距地面 10～20cm 处，螺旋状交错锯 3～4 个锯口，深达木质部 1cm 左右，让伤流液流出。此外，为了避免大量伤流的发生，嫁接前后 20 天内不要灌水。

5. 嫁接时期

嫁接时期以砧木萌芽期至末花期（北方为 4 月中下旬至 5 月初）为宜。各地可根据当地的物候期等具体情况确定，一般接穗储存良好，接穗芽未萌动就可以进行嫁接。

6. 嫁接方法

嫁接方法主要有插皮舌接、舌接、劈接、插皮接（皮下接）、皮下腹接等。以插皮舌接法成活率最高，生产中最常用。

（1）插皮舌接 适合于直径为 1cm 以上的砧木，在砧木伤流较少且接穗和砧木都易离皮时进行。嫁接时先将砧木接头锯出新茬，用嫁接刀将锯口削光滑，将接穗下端削成 5～8cm 长的舌状削面，削好的接穗保留 2～3 个芽，削时嫁接刀的斜度先急后缓，使削面圆滑，不出现棱角。在砧木侧面选光滑部位，由下而上削去或刮去一层长 7～10cm、宽 1cm 的砧木老皮，露出皮层。其削面的长与宽应略大于接穗削面的长与宽，然后将接穗削面前端皮层用手指捏开，使皮层和木质部分离。将接穗舌状木质部慢慢插入砧木木质部与皮层之间，使接穗皮层紧贴在砧木皮层的削面上，接穗露白 0.1～0.3cm，根据砧木的粗细，每个接口插入 2～3 个接穗，过粗砧木（7cm 以上），应适当增加接穗的数量。插好接穗后，用弹性较好的塑料条将接口绑缚严紧即可。遇到稍粗的接口，可取一块宽度稍大于接口直径的塑料条贴敷在接口顶部，以利于绑严（图5-1）。

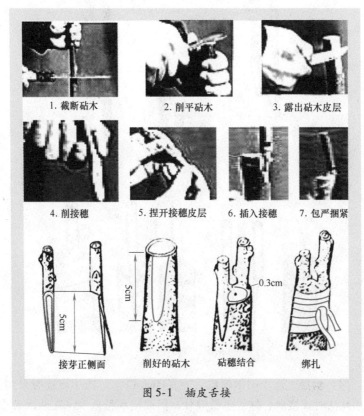

1. 截断砧木　　2. 削平砧木　　3. 露出砧木皮层

4. 削接穗　　5. 捏开接穗皮层　　6. 插入接穗　　7. 包严捆紧

接芽正侧面　　削好的砧木　　砧穗结合　　绑扎

图5-1　插皮舌接

（2）舌接　在砧木和接穗的粗度相近或砧木的粗度略大于接穗的粗度时应用。嫁接时将砧木和接穗分别削成长6~8cm的大斜面，并分别在接穗和砧木削面的1/3处，向下切削2~3cm，然后将砧穗插合在一起，使双方削面紧密镶嵌，形成层对齐；若砧木和接穗的粗度不一致时，要使一面的形成层对齐（图5-2）。

（3）插皮接（皮下接）　在砧木较粗和离皮时采用。接穗长削面长约8cm，将其背面削成箭头状，各长0.5cm以上。把砧木截去上部，削平，从断面处纵切皮层，略撬开断面皮层，将接穗长削面向里插入木质部与皮层之间，露白，绑紧包严（图5-3）。

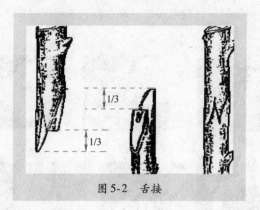

图5-2　舌接

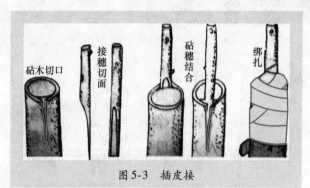

图5-3　插皮接

（4）劈接　适于砧木较粗（直径3cm以上）或不离皮时采用。应用此法时嫁接愈合好，生长健壮，但成活率稍低些。在砧木表皮光滑的部位剪砧，削平剪口，用刀从剪口中心垂直向下劈开，在接穗的下端两侧削成长为5～8cm的马耳形削面，一侧稍厚，厚面向外；插入劈口内时，应对准形成层，用塑料薄膜包紧接口（蜡封接穗）。此法也可用于中幼龄树和大树多头改劣换优（图5-4）。

（5）皮下腹接　在砧木离皮时采用。此法主要用于成年树、幼树内膛光秃带的补枝。其成活率高，也可用于高接换头，利用前面的活支柱进行新梢绑缚，以后再剪去活支柱。具体方法是：在砧木需要补枝的部位（一般每隔75cm补一个枝），先将砧木的老皮削薄至新鲜的韧皮部，然后割一"T"字形口，在横切口上端1～2cm处，用嫁接刀向下削一月牙斜形削面下至"T"字形横切口，深达木质部，以免接穗插入后"垫枕"。

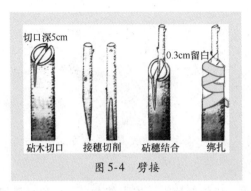

图5-4 劈接

接穗要长一些，一般为20cm左右，最好选用弯曲的接穗，削面长为8～12cm的马耳形，背面削至韧皮部，呈箭头状，然后将接穗插入砧木，用塑料条包扎紧密不露伤口即可（图5-5）。

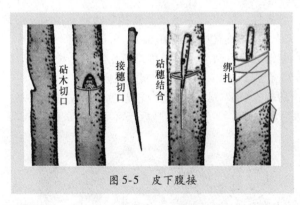

图5-5 皮下腹接

大树高接时，常进行多头（多个接穗）、多位（多个部位）嫁接，可使其尽快恢复树冠，提高产量。嫁接一般也要几种方法综合运用，灵活运用。硬枝嫁接在接后50～60天检查成活率，绿枝嫁接在接后15～30天检查成活率。在春季进行枝接没有成活的，还可在夏季用绿枝嫁接和方块芽接进行补接，尽量在一年内将树全部进行嫁接改造，保证全树当年嫁接成功（图5-6）。

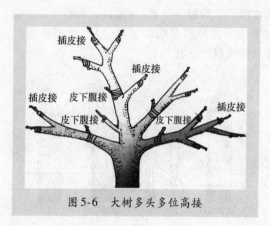

图5-6　大树多头多位高接

7. 接后管理

（1）除萌　接后要抹去砧木上的萌蘖，以免与接穗争夺养分，影响嫁接成活率。如果接口无成活接穗，应留下1~2个位置合适的萌蘖枝，以备补接。补接可在当年7~8月进行芽接，也可在第二年春季进行枝接。

（2）绑支柱　接后20~25天，接穗陆续萌芽抽梢，待新梢长到20~30cm时，应绑支柱固定新梢，以防风折。

（3）解缚　接后两个月，当接口愈伤组织生长良好后，及时解除绑缚塑料条，以免阻碍接穗的加粗生长。

（4）防寒　嫁接口处伤口愈合较差，冬季应注意防寒，进行包裹。待以后愈合好，抗冻能力增强后，可不用防寒（图5-7）。

图5-7　改接后接口包裹防寒

高接后形成的新树冠，由于嫁接部位发枝较多，比较密集，若任其自然生长，树冠会比较紊乱，难以形成主从分明的树体结构，早实核桃比晚实核桃表现更为严重。因此，在高接后的 3~5 年内，要注意主侧枝的选留，培养好新的骨架。若接口附近发枝太多，应按去弱留强的原则，在早期对弱枝和过密枝等进行疏除和短截，然后按整形修剪的方法培养树形。

早实核桃在高接后 1 年，晚实核桃在高接后 3 年，便开始结果，并很快进入大量结果阶段。因此，必须加强高接树的肥水管理，才能保证树势健壮，高产优质。尤其是高接的早实核桃品种，更应加强地下管理，并采取适当的疏果措施，以保持树体的合理负载，防止结果过多引起树势早衰，甚至枯枝、死树现象的发生。

二 绿枝嫁接

（1）接穗采集与处理 采集树冠外围生长健壮的木质化或半木质化新梢。在生长季随接随采，采下后立即去掉复叶，保留 0.5~1.0cm 的叶柄。需要运输或短期储藏的，应进行地膜保湿、低温处理，防止水分散失，但一般不超过 4~5 天。储藏时间越长，成活率越低。

（2）嫁接时期 在 5~7 月新梢旺盛生长期进行，要求接穗达到半木质化程度。嫁接过早，接穗木质化程度较低，不易成活；嫁接过晚，接穗成活后生长期相对较短，生长量和生长势较差，越冬存活率较低。

（3）嫁接方法 主要采取插皮舌接、劈接和舌接等方法。具体操作与硬枝嫁接基本相同。接后在接穗上套塑料袋或包裹塑料薄膜进行保湿，还应在外面包纸进行遮阴，以促进成活。

> ⊙ **【提示】** 核桃进行绿枝嫁接时不能采用封蜡方法来防止接穗水分损失，可通过套塑料袋或包裹塑料薄膜的方法达到保湿效果。

三 方块芽接

嫁接时期和方法与核桃育苗基本相同。在有接穗的情况下嫁接时期越早越好，早接可以剪断接芽前的砧木，当年萌发的枝条能够安全越冬。7月以后嫁接的接芽，当年不要剪断砧木，防止接芽当年萌发，否则冬季易产生冻害，应到第二年春季再剪砧。

四 绿枝凹芽接

选 1~2 年生的核桃砧木，基部直径为 0.7~1.5cm；接穗为当年生尚未木质化或半木质化的幼嫩新梢，直径为 1cm 左右。接穗应随采随用。

嫁接时间最好在 5 月底至 6 月初。在砧木与接穗均半木质化前，是凹芽接的最佳时期。

先取下砧木芽，注意横切口在纵切口以内（纵切口略长一些）；再取接穗芽，上下刮除青皮至韧皮部，长 0.5~1cm；最后插入接芽，将削好的接芽对准砧木插入，皮断面对齐，用砧木皮压住接芽两端的表皮部分。

第六章
土肥水管理

土肥水管理，是核桃生长发育、高产稳产、优质高效的前提和保证。主要进行土壤深翻、消灭杂草、配方施肥、合理灌水、排水防涝等作业。

第一节　土壤管理

一　土壤深翻

土壤深翻可改善土壤结构，提高保水、保肥能力，减少病虫害，达到增强树势、提高产量的目的。深翻时期宜在采收后至落叶前进行。此时断根容易愈合，可发生大量新根，若结合秋施基肥，有利于树体吸收、积累养分，为第二年生长和结果奠定良好基础。

深翻深度应在 60～100cm 范围内。深翻方法有以下几种：

（1）**扩穴深翻**　又叫放树窝子。幼树期间，根据根系伸展情况，逐年向外深翻以扩大定植穴，直至株行间全部翻通为止。

（2）**梯田深翻**　在梯田果园，为了促进内侧的生土熟化，可自堰根向外，翻至与垫方接壤为止。可分年完成。

（3）**隔行深翻**　每年在树冠投影的外缘挖宽 40～60cm、深 60～100cm 的条状沟，应隔一行翻一行，逐年轮换，这样每次只伤一侧的根，对树体影响较小，直至全园翻通为止。

（4）**全园深翻**　最好在建园前（用挖掘机）一次完成，或在幼树期一次翻完。全园深翻一次费工较多，但翻后便于平整，有利于操作。

> **【提示】** 深翻时表土与底土应分开堆放，要及时回填土，以免长时间风吹日晒和低温危害；先填表土，后填底土。注意少伤根，特别是粗度1cm以上的大根。

(5) 中耕浅翻 除搞好深翻改土外，每年应进行数次浅翻，一般在春、秋季进行，秋翻深度为 20 ~ 30cm，春翻可浅些，以 10 ~ 20cm 为宜。既可人工挖、刨，也可机耕。有条件的地方最好进行全园浅翻，也可以树干为中心，翻至与树冠投影相接的位置。

二 保持水土

山地或丘陵地的核桃园，必须修建、完善水土保持工程，防止水土流失。在梯田栽植的核桃树，应经常注意整修梯壁，培好堰埂。在沟谷和坡地上栽植的，应垒石堰、修鱼鳞坑等。此外，在沟边、地埂、路旁、坡顶等地方应种植灌木，以涵养水源，保持水土。

三 果园清耕

果园清耕是目前最常用的核桃园土壤管理制度。清耕核桃园内不种其他作物，保持表土疏松无杂草。清耕法可有效地促进微生物繁殖和有机物氧化分解，显著改善和增加土壤中有机态氮素。

在少雨地区，春季清耕有利于地温回升；在生长季可进行多次中耕；秋季深耕，可加大耕层厚度。中耕的时间和次数因气候条件和杂草量而定，一般每年进行 3 ~ 5 次，中耕深度以 6 ~ 10cm 为宜。

如果长期采用清耕法，在有机肥施入量不足的情况下，土壤中的有机质会迅速减少，使土壤结构遭到破坏，在雨量较多的地区或降水较为集中的季节，容易造成水土流失。

四 果园生草

(1) 作用 果园生草能够显著、快速提高土壤的有机质含量，改善土壤结构，增进地力，改良土壤；能改善小气候，增加果园天敌数量，有利于果园的生态平衡；生草后增加了地面覆盖层，能减少土壤表层温度变幅，有利于核桃树根系的生长发育；有利于提高坚果品质。山地、坡地果园生草可起到水土保持作用，降低生产成本，减少果园投入，提高土地利用率。

（2）要求　果园生草主要是在树冠下和行间作业道生长，要求生草品种具备耐阴、耐踩和抗旱的特点，同时要求其对土壤、气候有广泛适应性；一般要求草种须根发达，固地性强，最好是匍匐生长的，有利于保持水土；生长快，产量高，富集养分能力强，刈割后易腐烂，有利于土壤肥力的提高。在根系生长或腐烂过程中，不会分泌或排放对核桃树有害的化学物质。要选择与核桃树无共同病虫害，又有利于保护害虫天敌的草种。草应矮小（一般高不超过40cm），且不具缠绕茎和攀援茎，覆盖性好，方便果园管理和作业。要求草易繁殖、栽培，早发性好，覆盖期长，易被控制，病虫害少等特点。

（3）种类　核桃园最好选用三叶草、紫花苜蓿、扁豆黄芪、绿豆、田菁、沙打旺等豆科牧草，也可用豆科和禾本科牧草混播或与有益杂草如夏至草混合搭配。

（4）注意问题

1）控制杂草。在生草初期滋生杂草，尤其是恶性草危害很大，应注意及时清除。只有生草充分覆盖地面后，才可控制杂草发生。

2）避免与核桃树争夺肥水。选择浅根性的豆科草和禾本科草，并在草旺长期进行适当补肥补水，同时应在旱季来临前及时割草覆盖，以减少蒸腾。

3）防止果园病虫害。一般生草会为病虫提供食料和遮掩场所，加重病虫害发生，但同时也有利于滋生和保护病虫天敌，减轻病虫害。实践证明，天敌对病虫害的控制作用大于病虫害造成的不利危害。

4）保持土壤通透性。除采用经常刈割外，一般通过每隔2年左右的时间，对草坪局部更新，5年左右要全园更新深翻的措施，可基本上解决土壤通透性问题。

5）灌水。行间生草后，普通灌溉由于草的阻拦，难以进行，最好与滴灌相结合灌水。

第六章　土肥水管理

五 化学除草

用除草剂进行除草，对土壤一般不进行耕作。这种方法具有保持土壤自然结构、节省劳力、降低生产成本和提高劳动效率等优点。宜在土层深厚、土质较好的果园采用。

使用除草剂时，一定要选择无风天气，严防药液接触到核桃树枝叶和果实上，以免发生药害。使用前，必须掌握除草剂的特性和正确的使用方法，根据具体情况选择适宜的药剂，先进行小型试验，确定其使用时期和用量后，再大面积推广应用。

发生药害后，要及时补救适量的氮肥和钾肥，使受害后的核桃树增添新叶，恢复正常的生长发育。立即浇水冲施尿素或二铵，以稀释内吸药量的浓度，促其加快恢复生长（图6-1）。

图6-1 除草剂造成的药害

目前核桃生产上常用的除草剂使用方法见表6-1。

表6-1 常用除草剂使用方法

名 称	类 型	防除对象	常用剂型	使用方法	注意事项
西马津	选择性内吸传导型	1年生禾本科和阔叶杂草	50%可湿性粉剂	杂草萌发前或除草后土壤处理，亩用药0.5~0.6kg	避免触及枝叶
草甘膦	灭生性内吸传导型	1~2年生禾本科和阔叶杂草，多年生深根性杂草	10%水剂	茎叶处理，亩用药1.0~1.5kg，水50~100倍，加0.2%洗衣粉，喷施	无风天喷洒，严禁喷到枝叶上

名　称	类　型	防除对象	常用剂型	使用方法	注意事项
阿特拉津	内吸传导型	双子叶杂草和1年生禾本科杂草	50%可湿性粉剂和40%胶悬剂	杂草萌发时，亩用胶悬剂0.5～0.6kg，或粉剂0.4～0.5kg，土壤或茎叶处理	干旱条件下杀草效果好
茅草枯	选择性内吸兼触杀型	多年生或1年生禾本科杂草	工业原粉和80%粉剂	茎叶处理，亩用0.2～0.5kg，水300倍，喷施，可与西马津混用	对人眼和皮肤有刺激作用，避免喷到树体上
百草枯	触杀灭生型	1年生阔叶和禾本科杂草，对多年生深根性杂草只能抑制	20%水剂和5%水溶性颗粒剂	春季草高15～25cm时，亩用0.3～0.5kg水剂加水50kg，茎叶处理	避免喷到枝叶上，对人眼、呼吸道、指甲有害
敌草隆	选择性内吸型	防除狗尾草、灰藜等1年生和多年生杂草	25%可湿性粉剂	杂草萌发时亩用0.5～1kg，水50～60kg，地面喷洒	避免喷到枝叶上

六　间作

　　间作应以有利于核桃的生长发育为原则，应留出足够的树盘，以免影响核桃树的正常生长发育。幼龄核桃园，可间作小麦、豆类、薯类、花生、绿肥、草莓等矮秆作物，切忌种植瓜菜等蔬菜，否则幼树易遭浮尘子的危害。立地条件好、株行距较大、长期实行间作的核桃园，其间作物种类较多，既有高秆的玉米、高粱等，也有矮秆的小麦、豆类、花生、棉花、薯类等，但要有一套严格的轮作制

第六章　土肥水管理

75

度。在荒山、滩地建造的核桃园，立地条件较差，肥力低，间作应以养地为主，可间作绿肥和豆科作物等。

间作时一定要有较好的水分条件，间作物与核桃存在水分竞争，在干旱天气时很容易导致核桃缺水，应加强肥水管理，才能获得果粮双丰收。

七 树盘覆盖

地面覆盖包括覆草和覆盖地膜两类，是近些年发展起来的土壤管理新技术。

(1) 树盘覆草 可改良土壤，提高土壤的有机质含量，减少土壤水分蒸发，调节地温，抑制杂草等。覆草以麦、稻草、野草、豆叶、树叶、糠壳为好，也可用锯末、玉米秸、高粱秸、谷草等。覆草时期一年四季均可进行，但以夏末、秋初为佳，覆草前应适量追施氮肥，随后及时浇水或趁降雨追肥后覆盖。覆草厚度 15 ~ 20cm，为了防止大风吹散或引起火灾，覆草后要星点状压土，但不能全面压土，以免造成通气不畅。覆草应每年添加，保持一定的厚度，几年后进行一次耕翻，然后再覆草。

树盘覆草比不覆草的土壤有机质含量提高 2.33g/kg，速效钾和速效磷的含量分别提高 32.0mg/kg 和 20.7mg/kg，能提高核桃幼树抗旱能力，促进核桃增产，产量可增加 15.4%。具有很好的生态经济效益，在干旱区、半干旱区核桃生产中应推广应用。

果园覆草应保证质量，使草厚度保持在 20cm 以上，注意主干根颈部 20cm 内不覆草，树盘内高外低，以免积涝。由于土壤微生物在分解腐烂过程中需要一定量的氮素，所以在覆草中，需施氮肥。

⚠ **【栽培禁忌】** 黏重土或低洼地的果园覆草，易引起烂根，因此不宜进行覆草。

(2) 覆盖地膜 能够增温、保温，保墒提墒，抑制杂草，有利于核桃树的生长发育。覆膜时期一般选择在早春进行，最好是春季追肥、整地、浇水或降雨后，趁墒覆膜。覆膜时，膜的四周用土压实，膜上星星点点地压一些土，以防风吹和水分蒸发。

八 秸秆还田

作物秸秆不经过堆沤，直接翻埋于土壤中，能起到肥田增产的作用。

> ⚠ **【注意】** 栽树时，秸秆作底肥使用，一定要腐熟！否则易造成悬根露气，影响成活。

秸秆还田采用沟施深埋法。结合施其他有机肥料如圈粪、堆肥等进行。在树冠行间或株间挖深 40~50cm、宽 50cm 的条状沟，开沟时将表土与底土分放两边。然后将事先准备好的秸秆与化肥、表土充分混合后埋于沟内，踏实，灌水即可，每亩还田秸秆 400kg 左右。

秸秆直接还田时，为解决核桃树与微生物争夺速效养分的矛盾，可通过增施氮、磷肥来解决。一般认为，微生物每分解 100g 秸秆约需 0.8g 氮，即每 1000kg 秸秆至少要加入 8kg 氮才能保证分解速度不受缺氮的影响。秸秆最好粉碎后再施，并注意施后及时浇水，促其腐烂分解，供吸收利用。

> ⚠ **【栽培禁忌】** 直接还田的秸秆，未经高温发酵，可导致各种病虫害的传播，所以，应避免将有病虫害危害的秸秆直接还田。

第二节 肥水管理

一 科学施肥

1. 土壤中的养分含量

当前，核桃果园土壤养分缺乏，有机质含量低，营养元素缺乏，突出表现是"缺氮少磷钾不足"，其他一些微量元素也不能满足需求。

一是土壤中的有机质含量少；二是土壤中的营养元素含量少，包括大量元素、微量元素，远远满足不了果树的需求。

2. 施肥依据

核桃每年要从土壤中吸收大量营养元素，如不及时补充肥料，必将造成某些元素的缺乏和不足，使营养积累和消耗之间失去平衡，从而影响树体的生长，使产量下降。

(1) 需肥特性　核桃需氮量要比其他果树大 1～2 倍。每产 100kg 坚果要从土中带走纯氮 1.456kg，纯磷 0.187kg，纯钾 0.47kg，纯钙 0.155kg，纯镁 0.039kg。如缺乏或供应不足，就会发生生理障碍，出现缺素症，影响核桃正常生长发育和产量品质。

(2) 形态诊断　根据果树的外部形态表现，判断营养元素的亏欠，用来指导施肥。一般叶片大而多、叶厚而浓绿、枝条粗壮、芽体饱满、结果均匀、品质优良、丰产稳产者，是营养正常，否则应查明原因，采取措施加以改善。常见的核桃缺素症和毒害症表现如下。

1) 缺氮的植株生长期开始叶色较浅，叶片稀少而小，叶子变黄，常提前落叶，新梢生长量小，重者顶部小枝死亡，产量明显下降。但在干旱和其他逆境下，也可能发生类似现象。

2) 缺磷树体一般很衰弱，叶子稀疏，叶片略小，叶片出现不规则的黄化和坏死，提前落叶。

3) 缺钾多表现在枝条中部叶片上，开始叶片变灰白（类似缺氮），然后小叶叶缘呈波状内卷，叶背呈现浅灰色（青铜色），叶和新梢生长量降低，坚果变小。

4) 缺钙根系短粗、弯曲，尖端褐变枯死。地上先表现在幼叶上，叶小、扭曲、叶缘变形，并常出现斑点或坏死，严重者，枝条枯死。

5) 缺铁幼叶失绿，叶肉呈黄绿色，称为"黄叶病"。叶脉仍为绿色，严重缺铁时叶小而薄，黄白或乳白色，甚至发展成烧焦状并脱落。铁在树体内不易移动，最先表现缺铁的是新梢顶部的幼叶。

6) 缺锌表现为枝条顶端的芽萌芽期延迟，叶小而黄，呈丛生状，称为"小叶病"，新梢细，节间短。严重时叶片从新梢基部向上逐渐脱落，枝条枯死，果实变小。

7) 缺硼树体生长迟缓，枝条纤细，节间变短，小叶不规则，有时叶小呈萼片状。严重时顶端抽条死亡。硼过量也能引起中毒。症状首先表现在叶尖，逐渐扩向叶缘，使叶组织坏死。严重时坏死部分扩大到叶内缘的叶脉之间，小叶的边缘上卷，呈烧焦状。

8) 缺镁叶绿素不能形成，表现出失绿症，首先在叶尖和两侧叶缘处出现黄化，并逐渐向叶柄基部延伸，留下"V"形绿色区，黄化部分逐渐枯死呈深棕色。

9）缺锰表现有独特的褪绿症状，失绿是在脉间从主脉向叶缘发展，褪绿部分呈肋骨状，梢顶叶片仍为绿色。严重时，叶子变小，产量降低。

10）缺铜新梢顶端的叶先失绿变黄，后出现烧焦状，枝条轻微皱缩，新梢顶部有深棕色小斑点。果实轻微变白，核仁严重皱缩。

3. 肥料的种类

（1）有机肥　是指含有较多有机质的肥料，主要包括粪尿类、堆沤肥类、秸秆肥类、绿肥、杂肥类、饼肥、腐殖酸类、海肥类、沼气肥等，主要是在农村中就地取材，就地积制，就地施用，因此也叫农家肥。有机肥具有以下特点。

1）养分全面，除了含有大量元素和微量元素外，还含有丰富的有机质，是一种完全肥料。

2）营养元素多呈复杂的有机形态，必须经过微生物的分解，才能被果树吸收、利用。肥效缓慢而持久，一般为3年，是一种迟效性肥料。

3）养分含量较低，施用量大，施用时不方便，因此在积肥时要注意提高质量。

4）含有大量的有机质和腐殖质，对改土培肥有重要作用，除直接提供给土壤大量养分外，还具有活化土壤养分、改善土壤理化性质、促进土壤微生物活动的作用。

（2）化肥　化学肥料又称为无机肥料，简称化肥。常用的化肥可以分为氮肥、磷肥、钾肥、复合肥料、微量元素肥料等，具有以下特点。

1）养分含量高，成分单纯。化肥与有机肥相比，养分含量高。便于包装、运输、储存和施用。化肥所含营养单纯，一般只有一种或少数几种营养元素，有利于核桃选择吸收利用，但养分不全面。

2）肥效快而短。多数化肥易溶于水，施入土壤中能很快被果树吸收利用，能及时满足树体对养分的需求。但肥效不如有机肥持久。

3）有酸碱反应。包括化学和生理酸碱反应两种。化学酸碱反应是指溶解于水后的酸碱反应，过磷酸钙为酸性，碳酸氢铵为碱性，尿素为中性。生理酸碱反应是指肥料经核桃吸收以后产生的酸碱反应。硝酸钠为生理碱性肥料，硫酸铵、氯化铵为生理酸性肥料。

4）破坏土壤结构，造成板结。化肥一般不含有能改良土壤的有机物质，在施用量大的情况下，长期单纯施用某一种化肥会破坏土壤结构，造成土壤板结。

4. 合理施肥

（1）有机肥和化肥配合施用，互相促进，以有机肥料为主 有机肥料养分丰富，肥效长，可增加土壤有机质含量，改良土壤物理特性，提高土壤肥力，是不可缺少的重要肥源。但有机肥肥效较慢，难以满足核桃在不同生育阶段的需肥要求，而且所含养分数量也不能满足核桃一生中总需肥量的需求。

化肥则养分含量高、浓度大、易溶性强、肥效快，施后对核桃的生长发育有极其明显的促进作用，已成为增产和高产不可缺少的重要肥源。但化肥养分比较单纯，即使含有多种营养元素的复合肥料，其养分含量也较有机肥少得多，而且长期施用会破坏土壤结构。

如果将有机肥料与化肥配合施用，有利于实现高产稳产和优质，而且还能相互促进，提高肥料利用率和增进肥效，节省肥料，降低生产成本。

（2）氮、磷、钾合理搭配 生产中往往出现重视氮肥，忽视磷、钾肥的现象，造成核桃产量低，品质差。在施用氮肥的基础上，配合施用一定的磷、钾肥，由于两者相互之间的促进作用，即使在不增加氮肥用量的情况下，也能使产量进一步提高。

（3）施肥方法综合使用，以土施基肥为主 主要施肥方法有基肥、根部追肥和根外追肥3种。一般基肥应占施肥总量的50%～80%，还应根据土壤肥力和肥料特性而定。根部追肥具有简单易行、灵活的特点，是生产中最多采用的方法。对于需要量小、成本高、不能再利用的微量元素，可以通过叶面喷肥补充，既可节约成本，也可与基肥充分混合后施入土壤中，或结合喷药，加入一些尿素、磷酸二氢钾可以提高光合作用，改善果实品质，提高抗性。

> ● 【提示】 注意所施的有机肥料、化肥及其他肥料要符合《绿色食品　肥料使用准则》。

5. 施肥量

果树的需肥情况，因树龄、树势、结果量及环境条件等的变化而不同。各种肥料的利用率大体为氮50%，磷30%，钾40%，绿肥30%，圈肥、堆肥为20%~30%。

常用肥料肥力状况见表6-2。

表6-2　常用肥料肥力表

肥料种类	氮（%）	磷（%）	钾（%）	有机质（%）
尿素	46	—	—	—
过磷酸钙	—	15~20	—	—
硫酸钾	—	—	50	—
饼肥	7	1.3	2.1	83
猪粪	0.5	0.4	0.4	15
牛粪	0.3	0.2	0.2	14.5
堆肥	0.5	0.3	0.6	5~15
绿肥	0.5~1	0.1~0.3	0.5~1	30~60

生产中施肥量的确定，主要依据产量和肥料试验及经验等。一般来说，幼树吸收氮量较多，对磷和钾的需求量偏少。随着树龄的增加，特别是进入结果期以后，对磷、钾肥的需要量相应增加。核桃幼树具体施肥量可参照如下标准：

1）晚实核桃在中等肥力条件下，按树冠垂直投影面积（或冠幅面积）每平方米计算，在结果前的1~5年间，每平方米冠幅面积年施肥量（有效成分）为氮肥50g，磷、钾肥各10g。在进入结果期的6~10年间，氮肥50g，磷、钾肥各20g，并增施有机肥5kg。

2）早实核桃施肥量应高于晚实核桃。一般1~10年生核桃树，每平方米冠幅面积年施肥量为氮肥50g，磷、钾肥各20g，有机肥 5kg。

3）成年树的施肥量在参考此标准时，应适当增加磷、钾肥的用量，一般按有效成分计算，其氮、磷、钾的配比为2∶1∶1。

6. 施肥时期

根据核桃树年周期内不同物候期的需肥特点，以及肥料的种类和性质，正确掌握施肥时期，是科学施肥的一个重要方面。

（1）基肥　基肥是当年结果后恢复树势和第二年丰产的物质保证。最好每年，至少隔1年施1次。以有机肥为主，一般包括腐殖酸类肥料、堆肥、厩肥、圈肥、秸秆肥和饼肥等。

基肥以秋施为佳，早秋施比晚秋或初冬施好。有条件的地方，可在核桃采收后至落叶前完成，此时土温较高，利于伤根的愈合和新根的形成与生长，也有利于农家肥的分解和吸收。基肥配合一定数量的速效性化肥，比单施有机肥效果更好。氮、磷、钾的比例以3∶1∶1.5为宜。如果有机肥充足，可将全年化肥用量的1/3～1/2与有机肥配合施入；如果有机肥不足，则应将全年化肥用量的2/3作基肥施入。

（2）追肥　主要在树体生长期进行，以速效性肥料为主，一般追肥时期如下。

1）萌芽期或开花前（4月上中旬）。促进开花坐果和新梢生长。因萌芽后，生理活动日益旺盛，生长发育迅速加快，需要大量的营养，才能使萌芽、抽梢展叶和开花结果等顺利进行。应及时追施速效氮肥。追肥量为全年的50%。

2）幼果发育期（6月）。以速效氮肥为主，与磷、钾肥配合施入。补充开花消耗的大量养分和满足幼果生长需要的营养，从而减少生理落果，提高坐果率，加速幼果生长，促进花芽分化。追肥量占全年的30%。

3）硬核期（7月）。以氮、磷、钾三元复合肥为主。供给核仁发育所需的养分，保证坚果充实饱满，当年丰产，也要为第二年丰产奠定基础。此期追肥量占全年的20%。

在基肥量较大、有机质含量较高的情况下，追肥次数过多，效果并不明显，一般每年追肥次数以2次左右为宜。

7. 施肥方法

施肥方法应根据树势、土质、肥源等条件综合确定，主要方法如下。

（1）环状沟施肥 在树冠投影外缘挖宽、深各 40～60cm 的环状沟，然后将表土与肥料混匀施入沟底，再覆心土。多用于幼树，环状沟的位置应每年随着树冠的扩大而外移（图 6-2）。

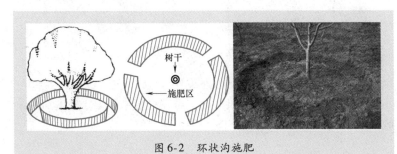

图 6-2 环状沟施肥

（2）放射状沟施肥 以树干为中心，距树干 80～100cm 处挖 4～8 条放射状沟，沟宽 30～60cm，深 30～60cm，长度视树冠的大小而定，一般为 1～2m，由内向外逐渐加深，由内向外逐渐加宽。每年施肥沟的位置要变换，并随着树冠的扩大而外移。放射状沟施肥多用于成年大树（图 6-3）。

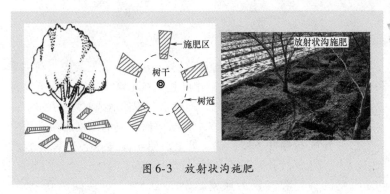

图 6-3 放射状沟施肥

（3）条沟施肥 在树冠投影外缘相对的两侧，分别挖宽、深各 30～60cm 的平行沟，第二年挖沟的位置应换到另外两侧。条沟施肥多用于幼树及密植园（图6-4）。

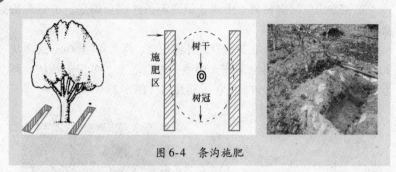

图6-4　条沟施肥

（4）穴施肥　在树冠投影外缘挖4～8个穴，深、宽各30～40cm，穴的分布要均匀，树冠大时，可在树冠半径1/2处增加几个施肥穴。穴施肥多用于追肥（图6-5）。

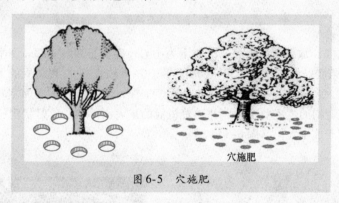

图6-5　穴施肥

（5）叶面喷肥　又叫根外追肥。具有用肥少、见效快、利用率高、可与多种农药混合等优点，并可避免在土壤中被固定而不易被吸收，是追施微量元素的好方法，对缺水少肥的地区尤为实用。

喷施时，先将肥料溶解在水中，配成所需要的浓度肥液，用喷雾器细致地喷布在叶、枝、花、果上，使肥液通过各器官的气孔（主要是叶背上的气孔）进入树体，以迅速满足树体对养分的需求。叶面喷肥的种类和含量为尿素0.3%～0.5%，过磷酸钙0.5%～1.0%，硫酸钾0.2%～0.3%（或1.0%的草木灰浸出液），硼酸0.1%～0.2%，钼酸铵0.5%～1.0%，硫酸铜0.3%～0.5%。

喷肥总的原则是生长前期应稀些，后期可浓些。一般在花期、新梢速长期、花芽分化期及采收后进行，特别是花期喷硼（或硼加尿素），能明显提高坐果率。喷肥宜在上午10：00以前和下午4：00以后进行，阴雨或大风天气不宜喷肥。根外追肥可以结合防治病虫进行，但在混喷时，碱性农药不能同酸性肥料混喷，以免酸碱中和降低效果。

> ⟳ 【提示】 注意根外追肥只是一种补肥的应急措施，不能代替地下施肥，将二者结合才能取得良好效果。

▇ 二 水分管理

1. 灌水

灌水要根据果树一年中各物候期生理活动对水分的需求以及当地的气候、土壤及水源条件而定。核桃生长发育适宜的土壤含水量为田间最大持水量的60%～80%。一般以田间最大持水量的60%作为灌溉指标，或用土壤绝对含水量的8%～12%作为灌溉指标（沙土8%，壤土12%）。按照核桃的生长发育特点，灌水的几个关键时期如下。

（1）萌芽前后 3～4月，正是北方春旱少雨季节，而萌芽生长和开花坐果均需大量水分，如土壤墒情较差，应结合追肥，进行灌水。

（2）花芽分化前 花后40天（约6月上旬），正值花芽分化和硬核期之前，如干旱应及时灌水，以满足果实发育和花芽分化对水分的需求，保证核仁充实饱满。

（3）采收后 10月下旬至落叶前，可结合秋施基肥灌一次透水，以促进肥料分解，增加冬前营养储备，提高幼树的越冬能力，有利于第二年春萌芽和开花。

在无灌溉条件的山区或缺乏水源的地方，冬季应注意积雪储水，或利用鱼鳞坑、蓄水池等水土保持工程拦蓄雨水，还可以通过扩穴改土或使用高分子吸水剂，增加蓄水能力，以备关键时期再利用。

2. 排水

核桃树对地表积水和地下水位过高非常敏感。积水易使根部缺氧窒息，影响根系的正常呼吸。如果积水时间过长，叶片萎蔫变黄，严重时整株死亡。如果地下水位过高，会阻碍根系向下伸展。建园前应注意修筑台田、排水沟和其他排水工程，并备好排水机械，以备积水时及时排水。

由于核桃树栽植深，雨季来临后排水不好，根系长期积水造成死苗，这种现象在2~3年生的幼树常有发生，甚至比定植当年还要严重，到4~5年后很少（图6-6、图6-7）。

图6-6　涝害后根部伤害

图6-7　积水造成死苗

【提示】　涝害经常严重发生的地方，可以起高垄栽植，防涝害效果好（图6-8）。

图6-8　起高垄栽植，防涝害

—第七章—
核桃整形修剪

整形修剪是核桃栽培管理中一项重要的技术措施。合理地整形修剪，可以形成良好的树体结构，使骨架牢固，枝条疏密适宜，并能调节核桃生长与结果的关系，从而达到高产、优质、稳产、树体健壮和长寿的目的。

第一节 核桃的丰产树形

核桃枝芽的异质性很强，任其自然生长很难形成一个良好的树形。尤其是早实核桃，因其分枝力强，结果早，易萌发二次枝，更容易造成树形紊乱。因此，在核桃的栽培管理中，要重视幼树的整形工作。

目前核桃的丰产树形主要有 3 种。即以疏散分层形为代表的主干形，以自然开心形为代表的开心形和近几年以矮密栽培发展的纺锤形。在生产实际中，可根据品种特点、栽植方式、立地条件、管理水平等选择合适的整形方式。一般情况下，早实核桃干性弱，宜用开心形，晚实核桃干性强，宜用主干形；稀植时可用主干形，密植时可用开心形；在山地栽培的树体生长弱，宜培养成开心形；在平地栽植及管理水平较高的条件下，树体生长势较强，可培养成主干形。

核桃树整形的总原则是："因树修剪，随枝作形，有形不死，无形不乱"。

一 疏散分层形

该树形有明显的中心干，主枝 5～7 个，分 2～3 层着生在中心干上。成形后树冠呈半圆形，通风透光良好，寿命长，产量高，负载量大。适合立地条件好和干性强的稀植树。

1. 定干

定干指确定主干和着生第一层主枝整形带的高度。晚实核桃结果晚，树体高大，定干应高些，一般为 1.7～2.0m（干高 1.2～1.5m）；如果为株行距较大的间作园，为了便于作业，可按 2.0～2.5m 定干（干高 1.5～2.0m）。早实核桃结果早，树体小，定干可矮些，一般为 1.2～1.6m（干高 0.8～1.2m）；一般密植丰产园可按 0.8～1.4m 定干（干高 0.4～1.0m）。

定植后当幼树达到定干要求的高度时，即可定干；未达到定干高度的，应先进行重短截，以促发壮梢。对分枝力强的品种，栽培条件较好时，可采用短截法定干；栽培条件较差的弱树，不宜采用短截法定干，可采用选留主枝的方法确定主干高度，否则易形成开心形。早实核桃萌芽力强，定干时应注意将整形带以下的芽抹除。

2. 整形过程

1）定干当年或第二年，在主干高度以上，选留 3 个不同方位（水平夹角约 120°）、生长健壮的枝，作为第一层主枝。发枝多的一次选留；生长势差、发枝少的，分两年选留。层内主枝间距不少于 20cm，主枝开张角度以 60° 为宜。在树冠顶部选垂直向上的壮枝作中心枝。

> ➡ 【提示】 选留的最上一个主枝距中心枝顶部过近或第一层主枝的层内距过小，均会削弱中心领导干的生长势，甚至出现"掐脖"现象，影响上部枝条生长，使树体不平衡，造成树冠层次不清。

2）晚实核桃 5～6 年、早实核桃 4～5 年时，当第一、二层主枝层间距（晚实核桃 80～100cm，早实核桃 60cm 以上）达到要求，且已有壮枝时，可选留第二层主枝，一般留 2～3 个。同时在第一层主枝上选留侧枝，第一侧枝距主枝基部的长度，晚实核桃为 80～

100cm，早实核桃为 60cm 左右。同级侧枝要在同一侧方向上选留，避免交叉、重叠。

3）晚实核桃 6～7 年、早实核桃 5～6 年时，继续培养第一层主、侧枝和选留第二层主枝上的侧枝及第三层主枝，第三层主枝一般留 1～2 个。第二层和第三层主枝的层间距，晚实核桃为 2m 左右，早实核桃为 1.5m 左右。如果只留两层主枝，第一层主枝和第二层主枝的层间距应加大，与留三层主枝的二、三层主枝层间距相同。选留完主枝后，在最上一个主枝上方落头开心。至此，疏散分层形骨架基本形成。

在选留和培养主、侧枝的过程中，对晚实核桃要注意促其分枝，以培养结果枝和结果枝组。早实核桃要控制和利用好二次枝，以加速结果枝组的形成和防止结果部位外移。还要注意防止无用枝条对树形的干扰，及时剪除骨干枝上的萌蘖及过密枝、重叠枝、细弱枝、病虫枝等。

二 自然开心形

该树形一般有 2～4 个主枝，无中心干。特点是成形快，结果早，整形容易，便于掌握。适于立地条件较差和树姿开张的早实品种。

1. 定干

定干高度可比疏散分层形稍矮，定干方法与其相同。

2. 整形过程

1）晚实核桃 3～4 年、早实核桃 2～3 年时，在整形带内，按不同方位选留 2～4 个枝条或已萌发的壮芽作为主枝，主枝间距 20～40cm。主枝可一次选留，也可分两次选留。各主枝的长势要接近，开张角度要近似（一般为 60°以上），以保持长势的均衡。

2）晚实核桃 4～5 年、早实核桃 3～4 年时，各主枝选定后，开始选留一级侧枝，由于开心形树形主枝少，侧枝应适当多留（3 个左右）。各主枝上的侧枝要上下错落，均匀分布。第一侧枝距主干距离可稍近些，晚实核桃 60～80cm，早实核桃 40～50cm。

3）晚实核桃 5～6 年、早实核桃 4～5 年时，开始在一级侧枝上选留二级侧枝 1～2 个。至此，开心形的树体骨架基本形成。

三　纺锤形

在一个健壮的中心干上，自下而上均匀分布着 8 ~ 12 个骨干枝，此树形为纺锤形。均匀是指骨干枝的大小、角度、方向、排列均匀一致。

纺锤形是适合密植栽培的一种简易树形，其树体结构特点是：干高 70 ~ 80cm，中心干保持生长优势，均衡着生 10 个左右大枝。树高 3 ~ 3.5m，冠径 3 ~ 5m，大枝角度为 80°~ 90°，下层枝的角度大于上层枝，树冠下大上小，形似纺锤（图 7-1）。

图 7-1　核桃纺锤形树体

纺锤形优点：①核桃树长势较旺，干性强，易于培养；②修剪量较轻，易于缓和树势，有利于早结果；③树形结构简单，易于掌握，便于操作；④适宜密植栽培，符合当前密植、早丰的栽培要求；⑤可塑性强，可大可小，根据栽植密度在一定范围内可灵活调节。

培养时应注意：①先要培养一个健壮的中心干，中心干不强壮，骨干枝易返旺，导致树形难以培养和维持；②骨干枝角度一定要拉开，调整加大骨干枝的基部角度（骨干枝和中心干的夹角）；③培养树形时，应以夏剪为主，冬剪为辅，重点工作是拉枝开角；④要有效控制骨干枝腰角和梢角，防止骨干枝返旺；⑤应根据立地条件、管理水平和树势状况，配合使用多效唑来调控枝条的生长量。纺锤形的培养过程如下。

（1）定植第一年　萌芽前重短截，发芽后及时除萌，长到 1.2m 后及时摘心控长，促进枝条老熟（图 7-2）。

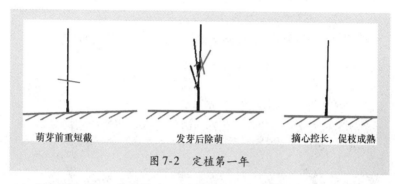

萌芽前重短截　　　　　　发芽后除萌　　　　　　摘心控长,促枝成熟

图 7-2　定植第一年

（2）第二年　萌芽前定干,7 月下旬开始拉枝开角,控制枝条旺长（图 7-3）。

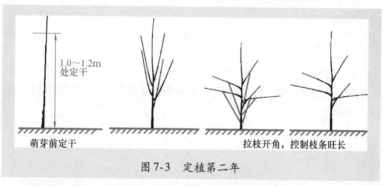

1.0～1.2m
处定干

萌芽前定干　　　　　　　　　　拉枝开角,控制枝条旺长

图 7-3　定植第二年

（3）第三年　萌芽前,对主干延长枝短截,选留 3～4 个枝条作骨干枝培养,其他枝条疏除（图 7-4）。

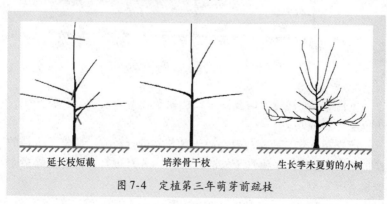

延长枝短截　　　　　　培养骨干枝　　　　　生长季未夏剪的小树

图 7-4　定植第三年萌芽前疏枝

在生长季节的 6～8 月要注意及时疏除剪口的萌蘖和多余枝条；7～8 月要及时拉枝开角，控制新梢的后期旺长（图7-5）。

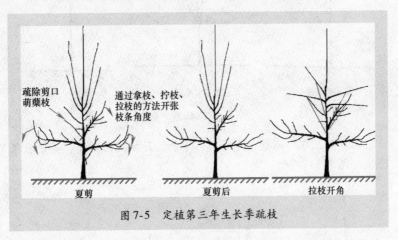

疏除剪口萌蘖枝

通过拿枝、拧枝、拉枝的方法开张枝条角度

夏剪　　　　　夏剪后　　　　　拉枝开角

图 7-5　定植第三年生长季疏枝

（4）第四年　萌芽前修剪，短截主干延长枝，疏除过密枝条，调整骨干枝的枝量和枝头角度，平衡骨干枝的大小，选留好骨干枝（图7-6）。

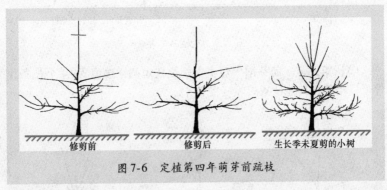

修剪前　　　　　修剪后　　　　　生长季未夏剪的小树

图 7-6　定植第四年萌芽前疏枝

生长季节要注意及时疏除剪口的萌蘖和多余枝条，及时开张枝头角度（图7-7）。

（5）第五年　萌芽前对中心干延长枝进行短截，调整骨干枝的枝量和枝头角度，平衡骨干枝的大小；7～8 月进行夏剪，疏除多余枝条（图7-8）。

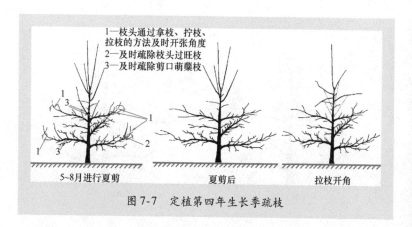

1—枝头通过拿枝、拧枝、拉枝的方法及时开张角度
2—及时疏除枝头过旺枝
3—及时疏除剪口萌蘖枝

5~8月进行夏剪　　　　夏剪后　　　　拉枝开角

图7-7　定植第四年生长季疏枝

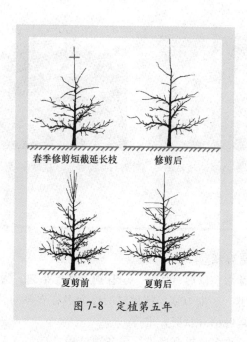

春季修剪短截延长枝　　　　修剪后

夏剪前　　　　夏剪后

图7-8　定植第五年

（6）第六年 经过 5 ~ 6 年的培养，纺锤形树形基本形成（图 7-9 ~ 图 7-11）

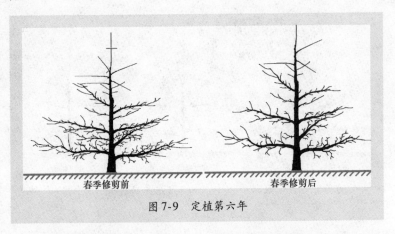

春季修剪前　　　　　　　　春季修剪后

图 7-9　定植第六年

图 7-10　纺锤形的核桃树

图 7-11　纺锤形核桃树 4 ~ 5 年生结果情况

第二节　整形修剪方法

一　修剪时期

核桃在休眠期修剪有伤流，这有别于其他果树。为了避免伤流损失树体营养，长期以来，核桃树的修剪多在春季萌芽后（春剪）和采收后至落叶前（秋剪）进行。

近年来，许多核桃产区进行了冬剪试验尝试。结果表明，核桃冬剪不仅对生长和结果没有不良影响，而且在新梢生长量、坐果率、树体主要营养水平等方面都优于春、秋修剪。相比之下，春剪营养损失最多，秋剪次之，休眠期修剪营养损失最少。但从伤流发生的情况看，只要在休眠期造成伤口，就会一直有伤流，直至萌芽展叶。因此，在提倡核桃休眠期修剪的同时，应尽可能延期进行，根据实际工作量，以萌芽前结束修剪工作为宜。

二 修剪方法

1. 短截

短截是指剪去1年生枝条的一部分。在生长季将新梢顶端幼嫩部分摘除，称为摘心；对当年新梢进行短截（多在半木质化部位进行）称为剪梢。在核桃幼树（尤其是晚实核桃）上，常用短截发育枝的方法增加枝量。短截的对象是从一级和二级侧枝上抽生的生长旺盛的发育枝，剪截长度为1/4~1/2，短截后一般可萌发3个左右较长的枝条。在1~2年生枝交界轮痕上留5~10cm进行剪截，类似苹果的"戴帽"修剪，可促使枝条基部潜伏芽萌发，一般在轮痕以上萌发3~5个新梢，轮痕以下可萌发1~2个新梢。对核桃树上的中长枝或弱枝不宜短截，否则易刺激下部发出更加细弱的短枝，其髓心较大，组织不充实，冬季易发生干枯，影响树势（图7-12）。

图7-12　短截

摘心和剪梢可抑制新梢生长，促进萌芽分枝（二次枝），利于花芽形成和提高坐果率（图7-13、图7-14）。

图 7-13　摘心

图 7-14　在生长季进行短截（剪梢），促发 3 个二次枝

2. 疏枝

　　将枝条从基部疏除叫疏枝。疏除对象一般为雄花枝、病虫枝、干枯枝、无用的徒长枝、过密的交叉枝和重叠枝等。雄花枝过多，开花时要消耗大量营养，从而导致树体衰弱，修剪时应适当疏除，以节省营养，增强树势。核桃枝条髓心较大，组织疏松，容易枯枝焦梢。枯死枝可成为病虫滋生的场所，应及时剪除。当树冠内部枝条密度过大时，要本着去弱留强的原则，随时疏除过密的枝条，以利于通风透光（图 7-15）。

疏枝

图 7-15　疏枝

除萌和疏梢也属于疏剪。除萌就是抹去过多的刚萌发的嫩芽，疏梢就是疏除过密的新梢（图7-16、图7-17）。

图7-16　除萌　　　　　　　　图7-17　疏梢

【提示】　疏枝时，应紧贴枝条基部剪除，以利于剪口愈合，切记不可留橛过长。

3. 缓放

缓放又叫长放，即对1年生枝不进行任何修剪。缓放能缓和枝条生长势，增加中短枝数量，有利于营养物质的积累，促进幼旺树早结果。除背上直立旺枝不宜直接缓放外（可拉平后缓放），其余枝条缓放效果均较好。较粗壮且水平伸展的枝条经过缓放，前后均易萌发长势相近的小枝，成花结果。弱枝经过缓放，第二年生长一小段，容易形成花芽（图7-18、图7-19）。

图7-18　水平长枝缓放　　　图7-19　枝条缓放后发枝状

4. 回缩

对多年生枝在分枝处进行剪截叫回缩或叫缩剪。在核桃修剪中最常用。因回缩的部位不同而作用不同。一是复壮作用。回缩更新

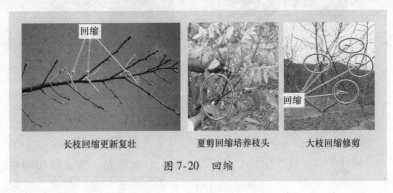

结果枝组，对多年生冗长下垂的缓放枝等进行回缩，可局部复壮；衰老树经过回缩更新可全树复壮。二是抑制作用。运用抑制作用主要可以控制旺壮辅养枝、抑制树势不平衡中的强壮骨干枝等。

回缩的反应因剪锯口下枝势、剪锯口大小不同而异。对于细长下垂枝回缩至背上枝处可复壮该枝；对于大枝回缩，若剪锯口距枝条太近，对剪口下第一枝起削弱作用，而对下部枝起加强作用。核桃树的愈合能力很强，即使直径为30cm的大枝，剪后仍可愈合良好（图7-20）。

| 长枝回缩更新复壮 | 夏剪回缩培养枝头 | 大枝回缩修剪 |

图7-20　回缩

5. 伤枝

伤枝就是损伤枝条以削弱或缓和枝条生长，促进成花的措施，包括刻伤、环剥、拧枝、扭梢、拿枝软化等。

（1）刻伤　包括目伤、环刻，目伤就是用刀或小钢锯条在芽的上方横割枝条皮层，深达木质部，一般刻半圈左右。环割就是在芽的上方环切一圈，深达木质部。刻伤一般在萌芽前进行，作用是促发枝、促成花、缓和均衡生长势（图7-21）。

图7-21　芽上刻伤

（2）环剥　就是剥去一圈枝干上的皮层，主要作用是调节营养物质分配，使营养物质在环剥口上部积累，从而达到促进成花、提高坐果率、缓和树势的效果。

图7-22　环剥

环剥是幼旺树转化结果的重要手段之一，对于幼旺树，在新梢迅速生长期进行环剥，可缓和树势，促进花芽分化（图7-22）。

（3）**拧枝**　就是握住枝条像拧绳一样拧一下，做到伤筋动骨。可在1~3年生枝上进行，能缓和树势，促进花芽形成（图7-23）。

图7-23　拧枝

（4）**扭梢**　就是对生长旺盛的新梢在其木质化时，用手捏住新梢基部将其扭转180°。可抑制旺长，促生花芽，是有效控制背上旺长新梢的良好方法。

（5）**拿枝软化**　就是对旺枝自基部到顶部一节一节地弯曲折伤，做到响而不折，伤骨不伤皮。可缓和生长、提高萌芽率、促进花芽形成。

6. 变向

变向就是改变枝条的生长方向，以缓和生长势、合理利用空间的修剪方法，包括曲枝、圈枝、拉枝、别枝等。拉枝修剪能够控制枝条旺长，提高萌芽率，改变顶端优势，防止枝条后部光秃，还能够合理利用空间，是幼树早期丰产的重要修剪手法（图7-24、

图7-24　拉枝前

图7-25)。

图 7-25　拉枝后

三　修剪技术

1. 背后枝的处理

核桃树的骨干枝背后倾斜着生的枝，其生长势多强于原骨干枝头，几年后背后枝比母枝既粗又长，形成"倒拉"现象，甚至造成原枝头枯死。对于这类枝，一般是在抽生的初期剪除。如果原母枝已经变弱，则可用背后枝代替原母枝，将原枝头剪除或培养成结果枝组，但必须注意抬高背后枝枝头角度，以防下垂。晚实核桃树上的背后枝，其生长势比早实核桃的更强（图7-26）。

图 7-26　背后枝的处理

2. 徒长枝的利用

徒长枝多是由潜伏芽抽生而成的，有时因局部刺激也能使中、长枝抽生出徒长枝。徒长枝生长速度快、生长量大、消耗营养多，如果放任其生长不进行修剪控制，会扰乱树形，影响通风透光。如果树冠内的枝量足够，应及早把徒长枝疏除；如果徒长枝处有空间，或其附近结果枝组已衰弱，则可利用徒长枝培养成结果枝组，以填补空间或代替衰弱的结果枝组。培养的方法：可在夏季徒长枝长到0.5~0.7m时摘心，促发二次枝，形成结果枝组；也可等到冬季修剪时，把单条徒长枝留60cm左右短截，使第二年分枝形成结果枝组。

衰老树枝干顶部枯焦或因机械伤害等使骨干枝折断的，可利用徒长枝培养成骨干枝，成为新的延长枝，以保持树冠圆满，更新恢复。

3. 二次枝的控制

二次枝多发生在早实核桃上，且以幼龄树抽生较多。由于二次枝抽枝晚、生长旺、组织不充实，在北方冬季极易发生抽条现象。如果任其生长，虽能增加分枝，提高产量，但却容易造成结果部位外移，使结果母枝后部光秃，干扰树形，影响结果，故应对其进行控制。

（1）疏除 由于二次枝的旺长而过早郁闭的树体，可根据空间的利用程度进行疏除。剪除对象主要是生长过旺造成的二次枝。一般在二次枝未木质化之前疏除 2 次，就可以得到控制。

（2）去弱留强 在一个结果枝上抽生 3 个以上的二次枝，可在早期选留 1~2 个健壮的，其余疏除。

（3）摘心 选留的二次枝如果生长过旺，为了促进其木质化，控制其向外延伸，可在夏季进行摘心。

（4）短截 如果一个结果枝只抽生 1 个二次枝，且长势较强，可在春、夏季对其进行短截，以控制旺长，促发分枝，并培养成结果枝组。在春季短截二次枝时，以中、轻短截为宜。夏季短截分枝效果较好，宜多采用。

4. 结果枝组的培养与修剪

（1）枝组的配置 枝组的配置多依骨干枝的不同位置和树冠内空间的大小来决定。一般树冠外围以小型结果枝组为主；中部以中型结果枝组为主，并根据空间大小配置少量大型结果枝组；骨干枝的后部，即内膛应以中、大型结果枝组为主。在大、中型结果枝组之间，要以小型结果枝组填补空隙；在树冠内出现较大空间时，用大型结果枝组填补空间。枝组间距以三级分枝互不干扰为原则，一般以大型结果枝组同侧相距 60~100cm 为宜。幼树和生长势较强的树，应不留或少留背上直立枝组，衰老树可适当多留背上直立枝组。

（2）枝组的培养

1）先放后缩。对壮发育枝或中等徒长枝，可先缓放促发分枝，第二年达到所需高度，在角度开张、方向适宜的分枝处回缩，然后再去旺留壮，2~3年后可培养成良好的结果枝组。

早实核桃的结果枝组连续结果能力很强，中、短果枝连续结果后形成的果枝群，可通过缩剪改造成小型结果枝组。

2）先缩后截。对生长密挤、无空间的辅养枝，应在前面回缩，后部枝适当短截，构成紧凑枝组。多年生有分枝的徒长枝和发育枝，也可缩前端旺枝，再适当短截后部枝，构成紧凑枝组。

3）先截后缩。对徒长枝或发育枝摘心或短截，应先促发分枝后再回缩，以培养成结果枝组。

（3）枝组的修剪

1）控制大小。结果枝组要扩大，可短截1~2个发育枝，促其分枝扩大枝组。枝组的延长枝最好是折线延伸，以抑上促下，使下部枝生长健壮。延长枝剪口芽要向着空间大的方向发展。较大的枝组无发展空间时，进行控制。将其回缩至后部中庸分枝上，并疏除背上直立枝，减少总枝量。对细长型结果枝组，要适当回缩，以形成紧凑型枝组。

2）平衡生长势。生长势以中庸为宜。生长势过旺时，可利用摘心控制旺枝，冬季疏除旺枝，并回缩至弱枝弱芽处，或去直留平改变枝组角度等，可控制其生长势。若枝组衰弱，中壮枝少，弱、短枝多，可去弱留强，并回缩至壮枝、壮芽或角度较小的分枝处，以抬高结果枝组的角度并减少花芽量，促其复壮。

3）调节结果枝与营养枝比例。大、中型结果枝组，结果枝和营养枝的比例一般为3：1。生长健壮的结果枝组（尤其是早实核桃），一般结果枝偏多，修剪时应适当疏除并短截一部分；生长势变弱的结果枝组，常形成大量的弱结果枝和雄花枝，修剪时应适当重截，疏除一部分弱枝和雄花枝，以促发新枝。

4）三叉枝组的修剪。核桃多数品种的1年生枝顶部，常常形成3个比较充实的混合芽或叶芽，萌发后常能形成三叉形结果枝组。这类枝组若不修剪，可连续结果 2~3 年，会因营养消耗过多，生长势逐年衰弱，以致干枯死亡，故应及时疏剪。在枝组尚强壮时，可疏去中间强旺的，留下两侧的结果母枝。随着枝组增大，应注意回缩和去弱留强，以维持良好的长势和结果状态。

5）枝组更新。枝组生长时间过长，着生部位光照不良，过于密挤，结果过多，使结果枝组生长势衰弱，不能分生足够的营养枝，导致结果能力明显降低，因而需要及时更新。枝组内的更新复壮，可采取回缩至强壮分枝或角度较小的分枝处，剪去一部分果枝、疏花疏果等技术措施。对于极度衰弱，回缩和短截仍不发枝的结果枝组，可从基部疏除。如果疏除后留有空间，可利用徒长枝培养新的结果枝组。

> ⊙ 【提示】 最好先培养新的结果枝组，然后将原衰弱枝组逐年去除，这样可以保证产量不受影响。

第三节 不同年龄时期的修剪

一 初果期

一般早实核桃嫁接苗定植后 3 年，晚实核桃嫁接苗定植后 4~5 年，即开始结果。此时树体生长偏旺，树冠仍在迅速扩大，结果逐年增加。此阶段修剪的主要任务是继续培养主、侧枝，注意平衡树势，充分利用辅养枝早期结果，开始培养结果枝组等。

主枝和侧枝的延长枝，在有空间的条件下，应继续留头延长生长，对延长枝中截或轻截即可。对于辅养枝应有空间进行保留，并将其逐渐改造成结果枝组；无空间的进行疏除，以利于通风透光，以尽量扩大结果部位为原则。修剪时，一般要去强留弱，或先放后缩，放缩结合，控制在内膛结果；已影响主、侧枝生长的辅养枝，应进行回缩或逐渐疏除，为主、侧枝让路。

早实核桃易发生二次枝，由于二次枝组织不充实和生长过多而造成郁闭者，应彻底疏除；充实健壮并有空间保留者，可用摘心、短截、去弱留强的修剪方法，促使其形成结果枝组。核桃的背后枝长势很强。晚实核桃的背下枝，其生长势比早实核桃更强。

对于背后枝的处理，要看基枝的着生情况而定。凡延长部位开张，长势正常的，应及早剪除；如果延长部位的势力弱或分枝角度较小，可利用背后枝换头。

培养结果枝组是初果期树修剪的主要任务之一。培养的方法以先放后缩法应用较多。在早实核桃上，对生长旺盛的长枝，以长放或轻剪为宜。修剪越轻，发枝量和果枝数越多，且二次枝数量越少。在晚实核桃上，常采用短截旺盛发育枝的方法增加分枝。但短截枝的数量不宜过多，一般为 1/3 左右。短截的长度，可根据发育枝的长短，进行中、轻短截。

初果期树因树势旺盛，内膛易生徒长枝，徒长枝容易扰乱树形、无保留价值的，应及早疏除。如果有空间的可保留，晚实核桃可用先放后缩法将徒长枝培养成结果枝组；早实核桃可用摘心或短截的方法以促发分枝，然后回缩成结果枝组。

二 盛果期

核桃树一般经过 15 年进入盛果期。立地条件较好、管理水平较高的晚实核桃，盛果期可维持百年以上。处于盛果期的核桃园，树冠大都接近郁闭或已经郁闭，树冠骨架已基本形成和稳定，树姿逐渐开张，外围枝量增多，由于内膛光照不良，部分小枝开始干枯，主枝后部出现光秃带，结果部位外移。易出现隔年结果现象。修剪的主要任务是调节生长与结果的关系，不断改善树冠内的通风透光条件，加强结果枝组的培养与更新，以延长盛果期年限。

1. 骨干枝和外围枝的修剪

疏散分层形树形应逐年落头，以解决上部光照问题。落头时应在锯口下方留一粗度相似的多年生分枝，以控制树体高度。盛果初期，各级主枝需继续扩大生长，这时应注意控制背后枝，保持原头生长势。当树冠成形时，可采用交替回缩换头的方法，控制枝头向外伸展。对于顶端下垂、生长势衰弱的骨干枝，应重剪回缩更新复壮，留斜生向上的分枝当头，以抬高角度，集中营养，恢复枝条生长势。

对于树冠的外围枝，由于多年伸长和分枝，常常密挤、交叉和重叠，应适当疏间和回缩。

2. 结果枝组的培养与更新

随着树冠的不断扩大和枝量的不断增加，除继续加强对结果枝组的培养利用外，还应不断地进行复壮更新。

2~3年生的小枝组，可采用去弱留强的方法，不断扩大营养面积，增加结果枝数量。当生长到一定大小，并占满空间时，则应去掉强枝、弱枝，保留中庸枝，促使形成较多的结果母枝。对于已无结果能力的小枝组，可一次性疏除，利用附近的大、中型枝组占据空间。

中型枝组，应及时回缩更新，使枝组内的分枝交替结果，对长势过旺的枝条，通过去强留弱加以控制。

大型枝组，要注意控制其高度和长度，防止"树上长树"。对于已无延伸能力或下部枝条过弱的大型枝组，可适当回缩，维持其下部中、小枝组的健壮。

3. 辅养枝的处理

辅养枝是指着生于骨干枝上，不属于分枝级次的辅助性枝条，多数辅养枝是幼树期为了加速树冠形成、增加叶面积、提早结果而保留下来的，多数是临时性的。对影响主、侧枝生长的，可视辅养枝的影响程度，进行回缩或疏除，为主、侧枝让路；当辅养枝过于强旺时，可去强留弱或回缩至弱分枝处，控制其生长；长势中等、分枝较好又有空间者，可剪去枝头，改造成大、中型枝组，以长期保留结果。

4. 徒长枝的利用

徒长枝常造成树冠内部枝条紊乱，影响结果枝组的生长与结果。枝条密挤，枝组分布及生长正常时，应尽早将徒长枝从基部疏除；徒长枝附近空间较大的，或其附近结果枝组已明显衰弱的，可利用徒长枝培养成结果枝组，以填补空间或更替衰弱的结果枝组。选留的徒长枝分枝后，应根据空间大小确定截留长度。为了促其提早分枝，可进行摘心或轻短截，以加速结果枝组的形成。

5. 清理无用枝

主要是剪除过密、重叠、交叉、细弱、病虫、干枯枝等，以减少不必要的养分消耗和改善树冠内部的通风透光条件。

三 衰老树的更新

盛果后期的大树，经过连年的大量结果，逐渐表现衰老。突出的表现是：不仅内膛空虚，小枝干枯，而且外围枝下垂，生长量很小，很难抽生健壮的结果枝。小枝细弱不充实，出现焦梢，严重的可延及 5~6 年生部位。这时，在焦梢部位以下萌生大量的徒长枝，出现自然更新，产量大幅度下降，严重的连续几年没有经济产量。

为了防止衰老现象的出现，在盛果末期就要不断更新复壮，以增强树势，延长盛果期年限。修剪应采取抑前促后的方法，对各级骨干枝进行不同程度的回缩，选留生长健壮的枝组代替原头。对结果枝组，应逐年回缩，以抬高角度，防止下垂。枝组内应采用去弱留强、去老留新的修剪方法，疏除过多的雄花枝和枯死枝。

对于已经出现严重焦梢、生长极度衰弱的老树，可采用重更新的方法。一般可在有好的接班分枝处锯掉大枝的 1/5~1/3，使其重新形成树冠。这种方法是对极度衰弱树的一种挽救措施，在没有其他好的办法情况下方可采用，不要盲目"一刀切"进行大更新。

第四节 放任树的改造修剪

目前，我国放任生长的核桃树占相当大的比例。其中少数因立地条件太差、生长极度衰弱，已无经济价值；还有一部分幼旺树，可通过高接换优的方法加以改造；而对大部分已进入盛果期的大树，在加强地下管理的基础上，进行修剪改造，可迅速提高产量，确保高产、稳产。

一 放任树表现

放任生长的核桃树，多表现树形紊乱，内膛空虚，结果部位外移，通风透光不良，甚至发生焦梢和大枝枯死的现象。

大枝过多的，枝条紊乱，从属关系不明。主枝多轮生、重叠或并生，第一层主枝常达 4~7 个，中心领导枝极度衰弱。

主枝延伸过长的，先端密挤，造成树冠郁闭，通风透光不良，内膛枝细弱，并逐渐干枯，导致内膛空裸，结果部位外移。

结果枝少而细弱的，落花落果严重，坐果率只有 20%~30%，产量很低，隔年结果严重。

极度衰弱的老树，外围焦梢，从大枝中、下部萌生新枝，形成自然更新，重新构成树冠，连续几年产量很少。

二 放任树改造

（1）树形改造 放任生长树的树形多种多样，应本着因树修剪、随枝作形的原则，根据具体情况，因树制宜，灵活掌握，区别对待。中心领导枝明显的，可改造成疏散分层形；中心领导枝已很衰弱或无中心领导枝的，可改造成自然开心形。

（2）大枝处理 大枝过多是放任生长树的主要问题，应首先解决。修剪前，要对树体进行全面分析，重点疏除光裸严重，影响光照的密挤枝、重叠枝和交叉枝。留下的大枝要分布均匀，互不影响，利于侧枝配备。疏散分层形留5～7个主枝，自然开心形可留主枝3～4个。

（3）中型枝处理 中型枝是指着生在中心领导枝和主枝上的多年生枝。在处理时，首先要选留一定数量的侧枝，其余枝条以不影响通风透光和有利于萌生新枝为原则，采取疏间和回缩相结合的方法，疏除过密枝、重叠枝，回缩延伸过长的下垂枝，使其抬高角度。

（4）外围枝调整 放任树外围枝大多是冗长的细弱枝，有的严重下垂，必须进行回缩，以抬高角度，增强长势。对外围枝丛生密挤的，要适当疏除。

（5）结果枝组培养 当树体营养得到调整，通风透光条件得到改善以后，内膛已衰弱的枝组就有了复壮的条件。此时，应根据空间大小，在强壮分枝处回缩，去掉细弱枝、雄花枝和干枯枝，以强壮枝组，连年结果。

（6）徒长枝的利用 经过改造修剪的核桃树，内膛常萌发许多徒长枝，要有选择地加以培养和利用，使其成为健壮的结果枝组。

三　放任树修剪

核桃放任树的改造修剪，一般要经过3个阶段。

（1）调整树形 首先依据树体的生长情况、树龄和大枝基础，确定按哪种树形进行改造合理。然后锯除大枝，只要不是去掉的大枝过多，一般以一次从基部疏除为好。这样处理有利于集中养分，更新效果好，虽然当时显得空一些，但内膛能萌发大量徒长枝，经过适当选留，2～3年后，就会成为良好的结果枝组，很快能占满空间，实现立体结果。对于树势较旺的壮龄树，则应采取分年分期疏除大枝的方法修剪，否则树体长势过旺，也会影响产量。在去大枝的同时，对外围枝要适当疏间，以疏外养内，抑前促后。

树形改造的任务一般需要1～2年完成，此阶段年修剪量较大，一般应掌握在40%~50%之间（按1年生枝计算）。

（2）结果枝组的培养与调整 在完成树形调整后，重点解决枝组问题，并兼顾调整外围枝和中型枝。注意培养内膛结果枝组，以增加结果部位。对原有枝组，应采用去弱留强，去直立留平斜，疏前促后或缩前促后的方法，恢复枝组的生长势，并采用截中心缓两侧，去下垂抬枝头的方法，控制枝组的高度，改变枝组的生长方向。修剪量应掌握在30%~40%。

（3）稳势修剪 当树体结构调整已基本完成时，主要任务是调整母枝留量，稳定树势，实现高产、稳产。枝组内结果母枝与营养枝的比例约为3:1，对过多的结果母枝可用逢二去一或逢三去一的方法进行调整。在枝组内调整母枝留量的同时，还应有1/3左右交替结果的枝组量，以稳定整个树体生长与结果的平衡。修剪量应掌握在20%~30%。

四 注意问题

（1）加强土肥水管理 核桃树的长期放任生长，导致营养的严重亏缺，只有以加强地下管理为基础，才能使改造修剪收到满意的效果。地下管理应从土壤改良、加强肥水措施等多方面入手。

（2）因树修剪，随枝作形 放任生长的核桃树树形紊乱，很难改造成理想的树形，也很难将一个园片均改造成疏散分层或自然开心形。生产中应根据树体的具体情况，以解决通风透光、恢复树势、立体结果为目的，因树修剪，随枝作形。

（3）分段完成，坚持持久 放任树的改造修剪不是一二年就能完成的，要有计划、分阶段进行，急于求成难以收到预期的效果，欲速则不达。改造修剪是一项持久的技术措施，切不可剪剪停停，或认为树形改好后就可不剪，要持之以恒，否则效果不佳，容易前功尽弃。

第五节　核桃修剪技术的改进

一 苗木重剪

对新栽苗木重剪，可促进核桃苗生长健壮。定植后定干和重短截的树苗生长量差异显著，重剪苗木生长迅速（图7-27）。

定干苗　　　　　　　　重剪苗　　　　　　　重剪苗长势

图 7-27　定干和重短截的树苗生长量比较

二 长枝缓放，刻芽促枝

核桃壮旺的长枝缓放后，萌芽率和成枝力很强，80%以上的中短枝会形成顶花芽。刻芽技术在核桃树上应用效果也非常好，在顶芽开始萌动时对生长健壮的长枝不剪缓放，并对部分两侧及背上芽进行刻芽，能明显提高该枝条的萌芽率和成枝力，对增加前期枝量和花量效果明显。在芽上1cm左右，用钢锯条或刀子刻一下，芽就会萌发，长出枝条。刻芽要求锯口不超过枝条半周，树皮要刻断，但不能伤及木质部，刻芽太深，出枝后遇大风会使枝条折断。一般间隔3~5个叶芽，刻一个芽即可，不能每个芽都刻。

三 生长季短截，促发二次枝

在生长季短截枝条，能增加前期枝量，时间最好在5月底至6月上旬（外围新梢长到1m左右时）进行，选择外围生长旺盛的营养枝，剪除枝条长度的1/3，一般情况下可萌发2~4个新梢，短截过轻和过重，只能萌发1~2个新梢。短截过早的，出枝较少；短截过晚的，新梢生长不充实，不利于成花和安全越冬（图7-28、图7-29）。

四 摘心促熟，成花结果

2~3年生幼树对当年生枝条进行摘心，能够促进枝条成熟，有利于控制旺长。保证安全越冬，防止冻害和抽条。

图 7-28　生长季短截

图 7-29　当年促发 3 个二次枝

　　摘心的技术要点：第一次摘心时间在 5 月底至 6 月上旬，待新梢长到 80 ~ 100cm（南方地区可长一点，北方地区可短一点）进行。只摘掉嫩尖，待摘心后的枝条又长出新的二次枝后，将新长的二次枝留 1 ~ 2 个叶片，进行第二次摘心；以此类推，一般北方需摘心 1 ~ 3 次，南方 2 ~ 4 次，便能很好地抑制核桃的秋梢生长，并能促进侧芽成花（图 7-30、图 7-31）。

图 7-30　新梢第一次摘心

图 7-31　又长二次枝，继续摘心

　　摘心的目的，就是控制幼树让其只长春梢，不长夏梢和秋梢。

对于5月底和6月上旬停止生长的中、长枝到6月下旬又开始抽生夏梢的，可以将其萌动生长的顶芽掰掉，也可以等新梢长到10~15cm时，留2~3个叶片摘心。通过连续摘心，能促进侧芽形成花芽，促进幼树早结果早丰产（图7-32、图7-33）。

图7-32　摘心后侧芽成花，第二年结果

图7-33　连续摘心后促使下部侧芽成花结果

> ➡️ 【提示】　摘心是对当年生的长枝进行的。对于中短枝不要摘心，一般情况下中短枝的顶芽会形成花芽，摘心后会破坏掉顶花芽，反而不能成花结果（图7-34）。

摘心后的中短枝不能形成花芽　　　未摘心的中短枝第二年开花结果

图 7-34　中短枝摘心比较

五 拉枝开角，缓和树势

在生长季对骨干枝及时开张角度，能够缓和树势，使树体通风透光，利于花芽形成，提早结果。小冠疏层形骨干枝的分枝角度在 70°~80°之间为好；主干形或纺锤形骨干枝的分枝角度应在 80°~90°；开心形的分枝角度应在 50°~60°。主枝开张角度应从幼树开始，幼树枝条较细，容易操作。对骨干枝上的当年生长枝拉平后结合摘心，能够抑制其生长，促进侧芽成花（图 7-35）。

小冠疏层形　　　　　　纺锤形　　　　　　开心形

图 7-35　拉枝开角角度标准

⚠ **【栽培禁忌】** 拉枝时，要水平向上延伸，注意不要拉成弓弯和下垂（图 7-36）。

六 花后环剥，缓势促花

环剥对于促进核桃树的当年生枝条形成腋花芽效果明显，环剥方法是用刀子在核桃树的主干上剥下宽度相当于枝粗 1/10～1/8 的树皮（同其他果树的环剥操作方法一样），注意留下 2～3cm 宽的树皮（环剥带留营养道），不要一周全剥掉，然后用报纸条将剥口保护起来。过 20 天后检查，如果剥口愈合良好的，应及时将报纸条去掉，如果剥口没有愈合好的应及时用塑料膜包严促其愈合（图 7-37）。

图 7-36　正确的和错误的幼树拉枝开角方法

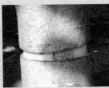

图 7-37　环剥促花

> 【提示】　注意环剥刀（或镰刀）一定要快，在揭去树皮时，千万不要弄脏形成层。"刀口齐，割断皮，木质部，不触及"。

七　处理延长枝头

核桃经常出现背后枝枝头"倒拉"现象，应加以控制和解决（图 7-38、图 7-39）。

八　疏除内膛过密枝条

核桃内膛枝条过密的，通风透光不良，树冠郁闭，严重影响成花结果。应及时疏除过密枝条，尤其是大枝，应首先打开光路（图 7-40）。

图 7-38 枝头处理一

图 7-39 枝头处理二

内膛枝条过密　　　　　要去掉的大枝　　　　　疏除第一个枝

疏除第二个枝　　　　疏除第三个枝　　　　修剪后的树

图 7-40 疏除过密枝

第八章
核桃花果管理及采后处理

对核桃进行促花、保花保果或疏花疏果管理，能够保持树体营养生长和生殖生长的平衡，克服大小年结果现象，保证高产、稳产。核桃达到完熟期及时采收，采收后进行脱青皮、漂洗、干燥、分级、包装等商品化处理，能够显著增加经济效益。

第一节　花果管理

一　促花

1. 人工促花

可通过拉枝、拧枝、摘心、刻芽、环剥等人工修剪手段，缓和树势，促发短枝，成花结果。

2. 化控促花

从 7 月下旬开始，叶面喷施 0.3% 磷酸二氢钾和 200～300 倍 15% 多效唑或 PBO 等生长抑制剂 2～3 次，使枝条充实健壮，防止徒长，促进形成花芽。4 年生以上的核桃树主干粗度在 5cm 以上时，在发芽前可以土施多效唑，使用量掌握在 1.5～2.0g/cm（其中"cm"是树干直径的单位）即可。

二　保花

可通过人工辅助授粉，进行保花保果。

核桃为风媒花，是典型的异花授粉树种，存在雌雄异熟现象。

一般雌先型和雄先型较为常见，自然界中，两种开花类型的比例约各占50%。雌雄花的开放日期相隔7~10天。花期不遇常造成授粉不良，严重影响坐果率和产量，分散栽植的更是如此。此外，核桃幼树最初几年只开雌花，经3~5年后才出现雄花，这样必然会影响早期授粉和坐果。为了促进核桃的授粉受精和坐果，对于附近没有成龄核桃树的幼龄核桃园，应进行人工授粉，可以提高坐果率和产量。即使是能进行自然授粉，通过人工授粉也能大大提高坐果率。一般可比自然授粉提高坐果率15%~30%。

1. 采集花粉

在雄花盛开初期（基部小花已开始散粉或即将散粉时），选择树冠外围生长健壮、无病虫害的枝条，剪取花序，摊在光滑洁净的纸上，置于室内或无太阳直射干燥的地方，保持16~20℃，待多数花药裂开散粉时，收集花粉，用细筛筛去杂质，放入试管或瓶中，口用棉团塞好，放于阴凉的地方。花粉最好及时使用，如果3~5天内不用，需置于2~5℃低温下保存。为了便于授粉，可将原花粉稀释，以1份花粉加10份淀粉（或面粉）或滑石粉混合拌匀。

2. 授粉时期

授粉的最佳时期是雌花柱头开裂并呈倒"八"字形张开时。此时，柱头羽状突起，分泌大量黏液，并具有光泽，利于花粉的萌发和授粉受精。此期一般只有2~3天，要抓紧时间授粉，如果柱头反转或柱头干缩变色，授粉效果会显著降低。有时因天气状况不良，同一株树上的雌花，花期可相差7~14天，为了提高坐果率，有条件时可进行两次授粉。两次授粉的比一次授粉的能提高坐果率8.8%左右。以上午9：00~10：00授粉效果最好。

3. 授粉方法

根据核桃的树体大小可分别采取不同的授粉方法。

（1）人工点授 用新毛笔尖，蘸少量花粉，轻轻点搽在柱头上，注意不要直接往柱头上抹，以免授粉过量或损坏柱头，导致落花。

（2）喷粉 适用于树体矮小的早实核桃幼树。将花粉（可加5~10倍淀粉稀释）装入喷粉器（可用"医用喉头喷粉器"代替）的玻璃瓶中，喷头离柱头30cm以上，喷布即可，此法授粉速度快，但花粉用量大。

（3）抖授 对成年树或高大的晚实核桃树，可将稀释 10 ~ 15 倍的花粉装入由双层纱布做成的花粉袋中，封严袋口，挂于竹竿顶端，然后在核桃园树冠上方轻轻抖撒。也可将处理好的花粉装入纱布袋中，均匀挂在授粉树的枝条上，让风吹纱布袋，花粉会自然飞散。此法的缺点是授粉不均匀，花粉浪费较大。

（4）喷授 将花粉配成水悬液（花粉与水之比为 1∶5000）进行喷授，最好在水悬液中加 10% 蔗糖和 0.2% 的硼酸，可促进花粉萌发，提高坐果率。

（5）挂雄花序或雄花枝 将采集的雄花序，10 个扎成一束，挂在树的树冠上部，可依靠风力自然授粉。为延长花粉的生命力，也可将含苞待放的雄花枝插在装有水溶液（每千克水加 0.4kg 尿素）或装有湿土的瓶、盆、塑料袋等容器内，再将容器挂在树上。此法简单易行，效果好，能显著提高坐果率。

三 疏花

在雄花和雌花发育过程中，需要消耗大量树体内储藏的营养和水分，在雄花和雌花大量开放时，树体内的水分和养分大量消耗，此时疏除过多的雄花和雌花，可减少树体内养分和水分的无效消耗，用来集中供给雌花发育和开花坐果，从而提高产量和品质。不仅有利于当年树体发育，提高当年的坚果产量和品质，同时也有利于新梢的生长和保证第二年的产量。

1. 人工疏雄

疏除多余的雄花序不仅能够增加产量，而且有利于植株的生长发育。一株成龄核桃树，若疏除 90% ~ 95% 的雄花芽，可节约水分 50kg、干物质 1.1 ~ 1.2kg。因此，疏除多余的雄花序，能够显著地节约树体的养分和水分，增产效果十分明显。

在核桃雄花芽膨大时去雄效果最佳，太早不好疏除，太迟影响效果，在雄花芽膨大时比较容易疏除且养分和水分消耗较少。如果拖到雄花序伸长期或散粉时再疏，增产效果不明显。疏雄主要是用手掰除或用带钩的木杆钩除雄花序。疏雄量以疏除全树雄花序的 90% ~ 95% 为宜，此时的雌雄花之比仍然可达 1∶（30 ~ 60），完全可以满足授粉需要，对于品种园，作授粉品种核桃树的雄花适当少疏，主栽品种可多疏（图8-1）。

图8-1　雄花芽膨大时去雄

2. 疏雌花

早实核桃，生产上常因结果太多，使坚果变小，核壳发育不完整，种仁不饱满，发育枝少而短，结果枝细弱，严重时大量枝条干枯死亡。为了保证树体健壮，高产稳产，延长结果寿命，除加强肥水管理和修剪复壮外，应维持树体的合理负载量，疏除过多的雌花。

疏雌花一般在生理落果以后（盛花后20~30天）进行，此时幼果直径为1~1.5cm。雌花疏除量应根据栽培条件和树势发育情况而定。表8-1可作参考。

表8-1　树冠大小与留果量

冠幅/m	投影面积/m²	留果数/个	产量/kg
2	3.14	180~240	1~2
3	7.06	430~600	4~5
4	12.56	800~1000	8~10
5	19.6	1200~1600	12~16
6	28.2	1700~2200	17~20

疏雌花时，应首先疏除弱树和细弱枝上的雌花，也可连同弱枝一起剪掉。每个花序有3个以上幼果时，视结果枝的强弱保留1~2个。留果要使树冠各部位分布均匀，郁闭的内膛多疏，外围延长枝多疏，保证每年枝条有40~50cm的生长量。

近年来，各地引进早实丰产良种因结果过多造成枝势衰弱，甚至死亡。对于丰产品种来讲，疏去一些雌花，是一项必不可少的措施。

> ● 【提示】 疏果一般只限于坐果率高的早实核桃，尤其是因树弱而挂果过多的树，其他树可不必疏果。

第二节 采收及采后处理

一 采收时期

核桃果实成熟的外部特征是：青果皮由绿变黄，部分顶部出现裂纹自然开裂，青果皮容易剥离。此时的内部特征是：种仁饱满、幼胚成熟、子叶变硬、种仁颜色变浅、风味浓香，此时是果实采收的最佳时期。核桃在成熟前一个月内果实大小和坚果基本稳定，但出仁率与脂肪含量随采收时间推迟呈递增趋势。品种不同采收期不同，有1/3的外皮裂口时即可采收，过早过晚均不利于核仁的品质。

核桃的适时采收非常重要。采收过早青皮不易剥离，种仁不饱满、单果重、出仁率和含油率明显降低，使产量和品质受到严重损失；采收过晚则果实容易脱落，同时青皮开裂后仍留在树上，阳光直射的一面坚果硬壳及内种皮颜色变深，也容易受真菌感染，导致坚果品质下降（图8-2）。

采收过早　　　　　　　　适时采收　　　　　　　　采收过晚

图8-2　不同时间采收的效果

果实的成熟期，因品种和气候条件不同而异。早熟与晚熟品种之间可相差10~25天。一般来说，北方地区核桃的成熟期多在9月上旬至中旬，南方地区相对早些。同一品种在不同地区的成熟期有所差异，在同一地区的成熟期也有所不同，平原区较山区成熟早，阳坡较阴坡成熟早，干旱年份较多雨年份成熟早。

核桃抢青早采的现象相当普遍，且日趋严重。采收期一般提前10～15天，产量损失8%左右。这也是品质下降的主要原因之一。

> 【提示】 核桃必须达到完熟期才能采收，不能过早。

二　采收方法

核桃的采收方法有人工采收法和机械振动采收法两种。我国目前普遍采用人工采收法。

1. 人工采收

果实成熟时，用木杆或竹竿敲击果实所在的枝条或直接触落果实。敲打时应自上而下，从内向外顺枝打落，以免损伤枝芽，影响第二年产量。矮化核桃品种园多是人工采摘。

2. 机械振动采收

在采收前10～20天，在树上喷布500～2000mg/kg乙烯利催熟，采收时用机械振动树干，使果实振落于地面，在美国已普遍采用此法。其优点是青皮容易剥离，果面污染轻。但用乙烯利催熟往往会造成早期落叶而削弱树势。

采收前应将地面早落的病果、虫果等捡拾干净，并作妥善处理。打落的果实应及时捡拾，剔除病虫果，将带青皮的果实和落地后已脱去青皮的坚果分别放置。脱去青皮的坚果可直接漂洗，以免混在带青皮的果实中，在脱青皮的过程中污染果面。采收后的果实应尽快放置在阴凉通风处，注意避免阳光曝晒，以免温度过高使种仁颜色变深，甚至使种仁酸败变味。

三　脱青皮及漂洗

采收后，要及时进行脱青皮和漂洗处理。

1. 脱青皮

(1) 堆沤脱皮　这是一种传统的脱青皮方法。即将采后的果实及时运到阴凉处或室内，按30～50cm的厚度堆成堆（堆积过厚易腐烂），盖上一层麻袋或10cm左右的干草或树叶，以保持堆内温湿度，促进后熟。适期采收的果实一般堆沤3～5天，青皮即可离壳，此时用木板或铁锹稍加搓压即可脱去青皮。堆沤切忌时间过长，否则青皮易变黑甚至腐烂，污染坚果外壳和种仁，降低坚果品质和商品价值。一般堆沤3~5天均能脱去青皮，而个别不产生离层的果实多为未受精而没有种仁的，没有经济价值。

（2）**药剂脱皮**　将采收的青皮果实用3000~5000mg/kg乙烯利溶液浸蘸0.5min，捞出后再按堆沤法堆果和覆盖，或随堆积随喷洒，按50cm左右厚度堆积，在温度为30℃左右，相对湿度80%~90%的条件下，经2~3天即可脱皮，自行开裂。

此法对采收过早（提前7~10天）、成熟度稍差及脱青皮较难的品种效果较好，不仅可以缩短脱青皮所需时间，而且避免了堆沤时间过长对坚果造成的污染。但对成熟度较高、大量青皮已开裂的果实，不宜采用。因乙烯利进入已开裂的果实青皮与坚果之间，会造成对坚果果壳及种仁的污染。在应用乙烯利脱皮过程中，为提高温湿度，果堆上可以加盖一些干草。

⚠️ **【栽培禁忌】**　用乙烯利脱皮时，禁止用不透气的塑料薄膜等加盖核桃青果，更不能装入密闭的容器中。

（3）**用核桃青皮剥离机脱皮**　由新疆农业科学院农机化所研制出来的核桃初加工机械，性能指标测定结果表明：青皮剥净率88%，机械损伤率1%，效率1216kg/h。机械加工后的核桃外观洁净无黑斑，明显提高了商品核桃的外观质量。与手工剥离青皮相比较，机械剥离青皮可提高工作效率20倍，并可避免青皮对手的污染损伤（图8-3、图8-4）。

图8-3　核桃青皮剥离机

图8-4　刚剥离青皮的核桃

2. 坚果漂洗

脱青皮后的坚果表面常残存有烂皮、泥土及其他污染物，应及时用清水洗涤，保持果面洁净。洗涤时将脱皮后的坚果装入筐内（一次不宜装得太多，以容量的 1/2 左右为宜），把筐放在流水或清水池中，用扫帚搅洗。在水池中冲洗时，应及时更换清水，每次洗涤 5min 左右，一次洗涤时间不宜过长，以免脏水渗入壳内污染核仁。一般视情况洗涤 3~5 次即可。尤其是缝合线不够紧密或露仁的品种，只能用清水洗涤，否则易污染种仁。在一般情况下，清水洗涤后应及时将坚果摊开晾晒（图 8-5、图 8-6）。

图 8-5　坚果漂洗

图 8-6　漂洗过的核桃

【提示】　脱青皮和水洗应连续进行，不宜间隔时间过长（不超过 3h），否则坚果基部维管束收缩，水容易浸入，使种仁变色、腐烂。

3. 漂白处理

脱去青皮后，经过漂白处理，能使果实光洁美观，但现在已经很少用，因为其影响品质和出口。

【方法一】 把漂白粉 0.5kg，先用 3～4kg 温水化开，滤去渣子，再加入 30～40kg 水制成漂白液，之后放入核桃，搅拌 8～10min，当壳面由青红色变为白色时，捞出用清水冲洗 2 次，即可干净，然后晾干。此法只能漂白脱皮的湿核桃，不能用于晾干的核桃，因干核桃基部维管束收缩，水易浸入果内，使种仁变色甚至腐烂。

【方法二】 用次氯酸钠漂白：含有效氯 40% 的次氯酸钠 0.5kg，加水 15kg。时间为 10min 左右。

四 干燥

储藏的核桃必须达到一定的干燥程度，以免水分过多而霉烂，坚果干燥的目的是使核桃壳和核仁的多余水分蒸发掉。干燥后坚果（壳和核仁）含水率应低于 8%，高于 8% 时，核仁易生长真菌。生产上以内隔膜易于折断为标准。

核桃干燥方法有日晒和烘烤两种。洗净后的坚果不能立即放在日光下曝晒，否则核壳会翘裂，影响坚果品质。应先摊放在竹箔或高粱秸秆帘上晾半天左右，待大部分水分蒸发后再摊放在芦席或竹箔上晾晒。坚果摊放的厚度一般不宜超过两层。晾晒过程中要经常翻动，以达到干燥均匀、色泽一致。一般经 5～7 天即可晾干。干燥后的坚果含水率以 8% 以下为宜，此时坚果碰敲声音脆响，横隔膜极易折断，核仁酥脆。过度晾晒，坚果重量损失较大，甚至种仁出油，降低品质。

除自然晾晒外，在秋季多雨的地区可对漂洗后的坚果进行烘烤处理，多采用烘干机或火炕烘干。烘架上坚果的摊放厚度以 15cm 以下为宜，过厚或过薄，烘烤都不均匀，易烤焦或裂果。烘烤过程中的温度控制至关重要。烘烤刚一开始坚果湿度较大，温度宜控制在 25～30℃ 为宜，同时应保持通风，让大量水蒸气排出。当烤至四五成干时，降低通风量，加大火力，温度控制在 35～40℃；待到七八成干时，减小火力，温度控制在 30℃ 左右，最后用文火烤干为止。果实从开始烘干到大量水汽排出之前不宜翻动，经烘烤 10h 左右，壳面无水时才可翻动，越接近干燥，越要勤翻动，最后每隔 2h 左右翻动1次。

五 坚果分级与包装

1. 坚果的分级标准

在国际市场上，核桃商品坚果的价格与坚果大小有关，坚果越大价格越高。直径30mm以上的为一等，28～30mm的为二等，26～28mm的为三等。出口核桃坚果除以果实大小作为分级的主要指标外，还要求坚果壳面光滑、洁白，干燥（核仁水分不超过4%），杂质、霉烂果、虫蛀果、破裂果总计不许超过10%。

我国发布的《核桃坚果质量等级》（GB/T 20398—2006）中，以坚果外观、单果平均重量、取仁难易、种仁颜色、饱满程度、核壳厚度、出仁率及风味八项指标将坚果品质分为4个等级（表8-2）。

表8-2 核桃坚果不同等级的品质指标

项　　目	特　　级	Ⅰ级	Ⅱ级	Ⅲ级
基本要求	坚果充分成熟，壳面洁净，缝合线紧密，无露仁、虫蛀、出油、霉变、异味等。无杂质，未经有害化学漂白处理			
果形	大小均匀，形状一致	基本一致	基本一致	—
外壳	自然黄白色	自然黄白色	自然黄白色	自然黄白或黄褐色
种仁	饱满，色黄白、涩味淡	饱满，色黄白、涩味淡	较饱满，色黄白，涩味淡	较饱满，色黄白或浅琥珀色，稍涩
横径/mm	≥30.0	≥30.0	≥28.0	≥26.0
平均果重/g	≥12.0	≥12.0	≥10.0	≥8.0
取仁难易度	易取整仁	易取整仁	易取1/2仁	易取1/4仁
出仁率（%）	≥53.0	≥48.0	≥43.0	≥38.0
空壳率（%）	≤1.0	≤2.0	≤2.0	≤3.0
破损率（%）	≤0.1	≤0.1	≤0.2	≤0.3
黑斑率（%）	0	≤0.1	≤0.2	≤0.3
含水率（%）	≤8.0	≤8.0	≤8.0	≤8.0
粗脂肪（%）	≥65.0	≥65.0	≥60.0	≥60.0
蛋白质（%）	≥14.0	≥14.0	≥12.0	≥10.0

2. 包装

核桃坚果一般都采用麻袋或纸箱包装。出口商品坚果根据客商要求，每袋重量为20~25kg，袋口用针缝严并在袋左上角标注批号。

高档核桃可用纸箱、竹筒皮盒、竹篮、塑料真空包装（图8-7）。

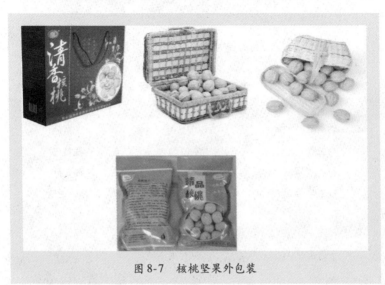

图8-7　核桃坚果外包装

六　取仁及核仁分级与包装

1. 取仁方法

核桃的取仁方法有人工和机械取仁两种。人工取仁过程中，须注意果实摆放位置，根据坚果三个方位强度的差异及核仁结构，选择缝合线与地面平行放置，敲击时用力要均匀，防止过猛和多次敲打，以免增多碎仁。为了避免坚果砸开后种仁受污染，砸仁之前一定要搞好卫生，清理场地。不能直接在不干净的地上砸。坚果砸破后要装入干净的筐篓或堆放在铺有席子、塑料布的场地上。剥核仁时，应戴上洁净手套，仁要装入干净的容器中，然后再分级包装（图8-8）。

2. 核桃仁的分级标准

核桃仁主要依其颜色和完整程度划分为八级（表8-3）。

图 8-8 缝合线与地面平行放置，易取整仁

表 8-3 核桃仁的分级

分　　级	核仁完整程度	核 仁 颜 色
白头路	1/2 仁	浅黄色
白二路	1/4 仁	浅黄色
白三路	1/8 仁	浅黄色
浅头路	1/2 仁	浅琥珀色
浅二路	1/4 仁	浅琥珀色
浅三路	1/8 仁	浅琥珀色
混四路	碎仁	色浅且均匀
深四路	碎仁	深色

在核桃仁收购、分级时，除注意核仁颜色和仁片大小之外，还要求核仁干燥，水分不超过 4%；核仁肥厚，饱满，无虫蛀，无霉烂变质，无杂味，无杂质。不同等级的核桃仁，出口价格不同，以白头路最高，浅头路次之。我国大量出口的商品核仁主要为白二路、白三路、浅二路和浅三路四个等级。混四路和深四路均作内销或加工用。

3. 包装

核桃仁出口要按照等级用纸箱或木箱包装。每箱核桃仁净重一般为 20~25kg。包装时需采取防潮措施。一般在箱底和四周衬垫硫酸纸等防潮材料，装箱之后立即封严、捆牢。在箱子的规定位置上标明重量、地址、货号等。

七 储藏

核桃适宜的储藏温度为 1~3℃，相对湿度 75%~80%。一般的储藏温度也应低于5℃。长期储藏的核桃含水率不得超过7%。储藏方法因储量和所储时间长短不同而异。

1. 室内储藏

将晾干的核桃装入布袋或麻袋中，放在干燥、通风的室内储藏。为了避免潮湿，最好在布袋或麻袋下垫石块并严防鼠害。此法只能作短期存放，过夏易发生霉烂、虫害和酸败变味。

2. 低温储藏

长期储存核桃应有低温条件。如果储量不多，可将坚果封入聚乙烯袋中，储存在0~5℃的冰箱中，可保持良好品质2年以上。大量储存可用麻袋包装，储存在0~1℃的低温冷库中，效果较好。

3. 薄膜帐储藏

选用0.2~0.23mm厚的聚乙烯膜做成帐，其大小和形状可根据存储量和仓储条件设置。秋季将晾干的核桃入帐，在北方因冬季气温低、雨水少、空气干燥，无须立即密封，待第二年2月下旬气温逐渐回升时再封帐。应选择低温、干燥的天气密封，使帐内空气湿度不高于50%~60%，以防密封后霉变。南方秋末冬初气温高，空气湿度大，核桃入帐时必须加入吸湿剂后密封，以降低帐内湿度。当春末夏初气温升高时，在密封的帐内也不安全，这时可配合充二氧化碳或充氮法降低含氧量（2%以下），以抑制呼吸，减少损耗，防止霉烂、酸败及虫害。二氧化碳达到50%以上或充氮1%左右，效果均很理想。

核桃储藏过程中常有鼠害和虫害发生，应经常检查，及时采取防治措施。用溴甲烷（40~56g/m²）熏蒸库房3.5~10h，或用二硫化碳（40.5g/m²）密封18~24h，均有显著除虫效果。

—— 第九章 ——
核桃病虫害防治

防治病虫危害是果树健康生长并获得优质果品的重要保证。本着预防为主的指导思想和安全、经济、有效、简易的原则，合理运用物理措施、生物技术及化学药剂防治等综合途径控制病虫危害。达到高产、优质、高效的目的，保护和恢复生态平衡。

第一节　常见病害的诊断与防治

一　核桃炭疽病

【病状】　为害果实，初期病斑褐色近圆形，后变黑色下陷，病斑中央有很多褐色乃至黑色小点，呈同心轮纹状，湿度大时，病斑上出现粉红色小突起（即病菌的分生孢子盘及分生孢子）。发病条件适宜时直径为3mm的小病斑即可产生分生孢子盘及分生孢子，随后变成粉红色小突起，一个病果上的病斑可多达十几块，病斑扩大或连片后引起全果腐烂变黑。叶片受侵染后，病斑不规则，在叶脉两侧病斑呈长条状枯黄，在叶缘四周发生约1cm宽的枯黄病斑，发病严重时全叶变黄（彩图19）。

【侵染及发病规律】　真菌性病害，病菌以菌丝、分生孢子在病枝、叶痕、病果及芽鳞中越冬，成为第二年初次侵染来源。借风、雨、昆虫传播，从伤口和自然孔口侵入。

发病时间随区域不同而异，一般比核桃黑斑病发病晚。河南的核桃炭疽病发病时间为6月上中旬，河北、北京为7~8月，四川为5月中旬。发病的早晚、轻重与湿度有密切关系。一般当年雨季早、雨水多、湿度大则发病早且重；反之，则发病晚、病害轻。

主要为害果实、叶片、芽和嫩梢。果实受害后引起早期落果或核仁干瘪。

【防治方法】

1）合理控制密度，加强栽培管理，改善园内和冠内通风透光条件，有利于控制病害。

2）采后结合修剪，及时摘除病果，清除病叶，减少菌源。

3）喷药防治。发病前期喷 1∶2∶200 倍波尔多液 2～3 次；喷 50% 多菌灵可湿性粉剂 1000 倍液；50% 或 70% 甲基托布津 800～1000 倍液。

二 黑斑病

核桃黑斑病病原为一种细菌，别名核桃细菌性黑斑病。

【病状】 果实受害初期表面出现褐色油浸状微隆起小斑，以后病斑逐渐扩大下陷，变黑，外缘有水浸状晕圈（彩图 20）。

【侵染及发病规律】 病菌在病芽及枝内越冬，病芽展叶时易受害，花序也易受感染而产生水渍状病斑，雄花染病时花粉可以带菌传播，某些昆虫也能带菌传播。气温在 4～30℃ 时叶片可染病，5～27℃ 时一般在雨后病害迅速蔓延。春、夏多雨的年份与季节，发病早且严重。华北地区 7～8 月恰逢雨季，高温高湿，加上核桃举肢蛾危害及日灼等为细菌的侵入和传播创造了有利条件，病斑迅速扩大、变黑腐烂，为发病高峰期。发病轻重与降雨关系密切，雨水多为害重，核桃展叶期至花期受害较重。尤其是南方降雨量大的地区要特别注意防患。

【防治方法】

1）果实采收后，结合修剪，剪除病枝，清除病叶。

2）发芽前喷 1 次石硫合剂。

3）生长期喷倍量式波尔多液 2～3 次，或 1000 倍 75% 甲基托布津、70% 多菌灵、70% 消菌灵、农用链霉素、菌毒清 2～3 次。

三 褐斑病

【病状】 叶片病斑近圆形或不规则形，直径 0.3～0.7cm，中间灰褐色、边缘暗黄绿色至紫褐色，病斑周缘与健部界限不清楚，病斑上有黑色小点，略呈同心轮纹状排列（分生孢子盘），病斑多时常连成不规则的大斑，大片枯死。嫩梢上病斑长椭圆形或不规则形，稍凹陷，黑褐色，边缘褐色，病斑中部长有纵裂纹，后期病斑上散生黑色小点。果实上病斑较小、凹陷，扩展后果实变黑腐烂（彩图21）。

【侵染及发病规律】 病原是一种真菌，病菌以菌丝、分生孢子在落叶或感病枝条等病残组织内越冬，春天形成分生孢子，借风雨传播。从叶片侵入，发病后病部又形成分生孢子进行多次再侵染，夏季进入发病期，雨水多、高温高湿条件下发展迅速。华北地区于5月中旬至6月发生，7～8月为发病盛期，多雨年份严重。

【防治方法】

1）保持树体健壮生长，增强抗病力，及时清除病果、病叶等病源物。

2）及时防治举肢蛾等害虫，采收时避免损伤枝条。

3）发芽前喷3～5波美度石硫合剂。5～6月喷1∶2∶200倍波尔多液或50%甲基托布津可湿性粉剂500～800倍液，于雌花开花前、开花后和幼果期各喷1次。

四 根腐病

根腐病使主根及侧根皮层腐烂，地上部枯死，甚至全树死亡。

【病害症状】 树根部皮层逐渐变成褐色坏死，严重的皮层腐烂。病害影响水分和养分吸收，导致生长不良，地上部叶片变小变黄，枝条节间缩短，严重时枝叶凋萎，甚至树体死亡（彩图22）。

【发病规律】 真菌病害，主要以菌核在土中越冬，第二年土壤温湿度适宜时菌核萌发产生菌丝体，病菌在土壤中可随地表水流进行传播，菌丝在土中蔓延侵染根部或根颈。病菌喜高温，因此病害多在高温多雨季节发生，高温高湿是发病的重要条件。在酸性至中性、排水不良、肥力不足、黏重土壤中易发病，而有机质丰富、含氮量高及偏碱性土壤中则发病少；土壤湿度大有利于病害发生，特别是在连续干旱后遇雨可促进菌核萌发，增加对寄主侵染的机会；连作由于土壤病菌积累多，也易发病；管理粗放、整地质量差、排水不畅、杂草多，均能引发或加重核桃根腐病的发生。栽植深，雨季来临后排水不好，根系长期积水造成死苗，这种现象在2～3年生的幼树常有发生，甚至比定植当年还要严重，到 4~5 年后很少。

【防治方法】 低洼易涝地不要栽植核桃树；对于肥力不足，土壤黏重地块可起高垄栽植；另外多施有机肥改良土壤物理特性，提高土壤肥力，促进土壤微生物活动；栽植核桃苗时，注意栽植深度，不宜栽植过深，以栽到根颈位置为宜。

对已发生根腐病的植株要及时松土、晾根、结合 50% 多菌灵可湿性粉剂 500 倍液灌根；开春后及时中耕疏松土壤，增加土壤透气性；若出现根腐病引起的黄叶现象，把新生枝条剪掉 1/2 或 1/3，以减少水分蒸发面积，减轻根系压力。

五 腐烂病

核桃腐烂病也称黑水病，属真菌性病害。

【病害症状】 随树龄和发病部位的不同，病害症状有所差异。成龄大树的主干及主枝感病后，由于树皮厚，病斑初期在韧皮部腐烂而外部无明显症状。当病斑连片扩大后，从皮层向外溢出黑色黏液；伤口感染发病后，出现明显的褐色病斑，并向下蔓延引起枝条枯死。幼树主干和主枝感病后，因皮层较薄，病斑易深入木质部及周围愈伤组织，初期病斑呈梭形，暗灰色，水渍状，微肿，用手指按压时流出带泡沫的液体，有酒糟气味。病组织失水下陷，病斑上产生黑色小点，当温、湿度大时，从黑色内涌出橘红色丝状物，后期病斑纵向开裂，流出大量黑水。当病斑绕枝一周时，幼树主枝或全株枯死（彩图 23）。

【发病规律】 病菌在病组织上越冬。开春树液流动时，病菌孢子借风、雨、昆虫传播，从伤口侵入，逐渐扩展蔓延危害。可在芽痕、皮孔、剪口、嫁接口及冻伤、日灼处发生病斑。总之，一切导致树势衰弱的因子都有利于该病害的发生。一年中从早春到树木越冬前，都是危害期，当空气湿度大时，产生大量分生孢子，整个生长季可多次侵染危害，直至越冬前停止侵染。其中以春、秋两季为发病高峰期。尤以春季危害最重，4 月中旬至 5 月下旬为主要发病期。生长在土壤贫瘠、排水不良、盐碱地或遭受冻伤和干旱失水以及连年大量开花结实，且管理粗放的核桃树最容易发病。

【防治方法】

1）加强栽培管理，改良土壤，增施有机肥，提高树体营养水平，增强树势和树体抗寒抗病能力。

2）早春和生长季节及时彻底刮治病斑，大树要刮去老皮，铲除隐蔽在皮层下的病疤。刮除范围应超出变色坏死组织 1cm 左右，达到刮口光滑、平整。剪下的病枝，刮下的老皮、病皮集中烧毁。刮皮后用 50% 甲基托布津可湿性粉剂 50 倍液，或 50% 退菌特可湿性粉剂 50 倍液，或 5 ~ 10 波美度石硫合剂，或 1% 硫酸铜液进行涂抹消毒，然后涂波尔多液保护伤口。

3）冬夏树干涂白，防止冻害和日灼。用 50% 甲基托布津、10% 苯并咪唑、65% 代森锰锌等 50 ~ 100 倍液涂刷树干。

六 枝枯病

【病害症状】 多在 1 ~ 2 年生枝梢或侧枝上发病，并从顶端逐渐向下蔓延到主干。受害的叶片变黄脱落。初期，病部皮层失绿呈灰褐色，后变红褐色或灰色，干燥时开裂下陷露出木质部，当病斑扩展绕枝一周时，出现枯枝以致全株死亡。在枯死的枝干上产生密集群生直径 1 ~ 3mm 的小黑点，湿度大时，大量分生孢子和黏液从盘中涌出，在盘口形成黑色小瘤状凸起（彩图 24）。

【发病规律】 真菌病害，病菌在病枝上越冬，为第二年初次侵染源。孢子借风、雨、昆虫传播，通过各种伤口侵入皮层，逐渐蔓延。5 ~ 6 月开始发病，初期病斑不明显，随着病斑逐渐扩大，皮层枯死开裂，病部表面分生孢子盘不断散放出分生孢子，进行多次侵染，7 ~ 8 月为发病期。枝枯病为弱寄生菌，腐生性强，发病轻重与树势强弱有密切关系。老龄树、生长衰弱的树或枝条，遭受冻害或春旱，以及空气湿度大或雨水多的年份发病重。一般立地条件好，栽培管理水平高、长势旺的树很少发病。栽植密度过大、通风透光不良的发病重。

【防治方法】

1）建园后加强栽培管理，保持健壮树势，提高抗病能力。

2）入冬前结合修剪，清除病枝、枯死枝以及枯死树，集中烧毁，减少初次侵染源，并做好冬季防寒、防冻工作；冬季树干涂白，注意防冻、防虫、防旱，尽量减少衰弱枝和各种伤口，以防止病菌侵入。

3）树干发病后，应及时刮治病斑，并用 3～5 波美度石硫合剂涂刷，再涂抹煤焦油保护。

4）药剂防治。在 6～8 月选用 70% 甲基托布津可湿性粉剂 800～1000 倍液或 400～500 倍代森锰锌可湿性粉剂喷雾防治，每隔 10 天喷 1 次，连喷 3～4 次。同时要及时防治云斑天牛、核桃小吉丁虫等蛀干害虫，以防止病菌由蛀孔侵入。

第二节　常见虫害的诊断与防治

一　核桃举肢蛾

核桃举肢蛾属鳞翅目，举肢蛾科，俗称核桃黑。在华北、西北、西南、中南等核桃产区均有发生，尤其是太行山、燕山、秦巴山及伏牛山区的核桃产区发生更为普遍，果实受害率达 30%～90%，是影响核桃产量与质量的主要害虫之一。

【形态特征】　成虫体长 5～8mm，翅展 10～15mm，体黑褐色，有金属光泽，复眼红色；卵椭圆形，长 0.3～0.4mm，初产时乳白色，渐变黄白色、黄色或浅红色，孵化前红褐色；幼虫初孵时体黄白色，头黄褐色，体长 1.5mm，老熟幼虫体长 7～13mm，肉红色，头棕黄色；蛹纺锤形，初为黄色，近羽化时为深褐色，长 4～7mm。茧长椭圆形，略扁平，褐色，上面密缀草末和细土粒，长 7～10mm，较宽一端有黄白色缝合线，常露于土表，为成虫羽化时的出口（彩图 25）。

【生活习性】　在河南、陕西、四川、云南每年发生 2 代，河北、北京、山西每年发生 1 代，均以老熟幼虫在树冠下 1～3cm 深的土内或杂草、石块与土壤间结茧越冬。

举肢蛾每年发生时期及世代，随海拔与气候条件不同而异。高海拔地区每年发生 1 代。低海拔地区每年发生 2 代。一般多雨年份比干旱年份危害重，荒坡地比间作地危害重。深山的沟顶及阴坡比阳坡及沟口开阔平地危害重。

【防治方法】

1）冬季结冻前彻底清除树下枯枝落叶与杂草，刮除树干基部翘皮，集中烧毁，并翻耕土壤，消灭越冬幼虫。

2）采果至土壤封冻前或第二年早春进行树下耕翻，深度约15cm，并结合耕翻，可在树冠下地面上撒施5%辛硫磷粉剂，每亩用2kg；成虫羽化前于树盘覆土2~4cm，阻止成虫出土，或每株树冠下撒25%西维因粉0.1~0.2kg毒杀成虫。

3）7月上旬幼虫脱果前，及时捡拾落果和提前采收受害果，深埋杀灭幼虫；自成虫产卵期开始，每隔半月喷1次25%西维因600倍液，或敌杀死5000倍液、40%乐果乳油800~1000倍液，连续喷3~4次；在6月，释放松毛虫、赤眼蜂等天敌，可控制危害程度；郁闭的核桃园，在成虫发生期可使用烟剂熏杀成虫。

二 金龟子

【形态特征】　金龟子属昆虫纲，鞘翅目，是一种杂食性害虫。金龟子科是鞘翅目中的1个大科，种类很多。常见的有铜绿金龟子、四纹丽金龟子、苹毛丽金龟子、暗黑金龟子、白星花金龟子等。成虫体多为卵圆形，或椭圆形，触角鳃叶状，由9~11节组成，各节都能自由开闭。体壳坚硬，表面光滑，多有金属光泽。前翅坚硬，后翅膜质（彩图26、彩图27）。

【生活习性】　多在夜间活动，有趋光性。在春季、麦收后集中发生，注意加强防治。

【防治方法】

1）清扫果园枯枝落叶，铲除杂草，集中烧毁。

2）在成虫羽化出土高峰期，利用其趋光性，在果园边装黑光灯，灯下放置水盆，水中滴入一些煤油，诱杀。

3）利用成虫的假死性采取摇动树枝措施，让成虫掉落地上，人工捕捉收集处理。

4）果园里放养鸡鸭，保护果园的鸟类、青蛙、寄生蜂等天敌。

5）结合松土整地，每亩用5%辛硫磷颗粒5~7kg撒施于树冠地面，然后翻入土中，毒杀其幼虫。

6）在成虫盛发期的傍晚喷药，用敌百虫800倍液或50%敌敌畏乳油 800～1000 倍液，或 10% 氯氰菊酯 1000 倍液等防治。

三　美国白蛾

【形态特征】

（1）**成虫**　为白色中型蛾，体长 13～15mm。复眼黑褐色，口器短而纤细；胸部背面密布白色绒毛，多数个体腹部白色，无斑点，少数个体腹部黄色，上有黑点。雄成虫触角黑色，栉齿状；翅展 23～34mm，前翅散生黑褐色小斑点。雌成虫触角褐色，锯齿状；翅展 33～44mm，前翅纯白色，后翅也通常为纯白色（图 9-1）。

（2）**卵**　圆球形，直径约 0.5mm，初产卵浅黄绿色或浅绿色，后变灰绿色，孵化前变灰褐色，有较强的光泽。卵单层排列成块，覆盖白色鳞毛。

（3）**幼虫**　老熟幼虫体长 28～

图 9-1　美国白蛾成虫

35mm，头黑色，具光泽。体黄绿色至灰黑色，背线、气门上线、气门下线浅黄。背部毛瘤黑色，体侧毛瘤多为橙黄色，毛瘤上着生白色长毛丛。腹足外侧黑色。气门白色，椭圆形，具黑边。根据幼虫的形态，可将其分为黑头型和红头型两型，在低龄时就明显可以分辨。三龄后，从体色、色斑、毛瘤及其上的刚毛颜色上更易区别。

（4）**蛹**　体长 8～15mm，暗红褐色，腹部各节除节间外，布满凹陷刻点，臀刺 8～17 根，每根钩刺的末端呈喇叭口状，中部凹陷。

【生活习性】　美国白蛾繁殖能力强、扩散快，每年可向外扩散 35～50km。以蛹在茧内越冬，茧可在树皮下以及土壤、石片下存活。第二年春季羽化，产卵在叶背成块，覆以白鳞毛。幼虫共 7 龄。幼虫经一个月到一个半月老熟，爬到土面结茧化蛹；夏末羽化。深秋落叶前发生第 2 代幼虫危害。初孵幼虫有吐丝结网、群居危害的习性，每株树上多达几百只、上千只幼虫危害，常把树木叶片蚕食光，严重影响树体生长（彩图 28）。

【防治方法】

1）利用人工、机械、化学等方法控制其危害，如利用黑光灯诱杀成蛾；人工剪除网幕；秋冬季人工挖蛹等。

2）灯光诱杀。利用诱虫灯在成虫羽化期诱杀成虫。诱虫灯应设在上一年美国白蛾发生比较严重、四周空旷的地块，可获得较理想的防治效果。在距设灯中心点 50～100m 的范围内进行喷药毒杀灯诱成虫。

3）围草诱蛹。适用于防治困难的高大树木。在老熟幼虫化蛹前，在树干离地面 1～1.5m 处，用谷草、稻草把或草帘上松下紧围绑起来，诱集幼虫化蛹。化蛹期间每隔 7～9 天换一次草把，解下的草把要集中烧毁或深埋。

4）喷施溴氰菊酯、灭幼脲等化学和生物杀虫剂，灭幼脲、米螨（敌灭灵）等昆虫生长调节剂。不要使用毒性较强的农药，以免杀伤天敌，污染环境；天敌有麻雀以及寄生性的赤眼蜂、姬蜂、茧蜂、寄蜂等，要注意保护。

四 芳香木蠹蛾

芳香木蠹蛾属鳞翅目，木蠹蛾科。又名杨木蠹蛾，俗称红眼子。在东北、华北、西北、西南都有分布。幼虫群集危害树干根颈处皮层，老熟幼虫可蛀食木质部，受害轻者树势衰弱，重者整株死亡。

【形态特征】 成虫体长 30～40mm，翅展 60～90mm，体翅灰褐色，腹背略暗。卵椭圆形，长 1.5mm 左右，近卵圆形，初产为白色，孵化前暗黑色。老熟幼虫长约 80mm，体粗壮扁平，头紫黑色，体背紫红色，有光泽。蛹暗褐色，长 30～40mm，茧长 50～70mm（彩图 29）。

【生活习性】 以幼虫在根颈附近深 10cm 左右土内结茧越冬。6～7 月羽化，成虫具弱趋光性，多夜间活动。6～7 月孵化幼虫。10 月下旬幼虫在木质部的隧道里越冬，第二年 4 月继续危害。9 月下旬至 10 月上旬，老熟幼虫爬出隧道到向阳干燥的土壤中结茧越冬。

【防治方法】

1）伐除危害严重的虫源树并及时烧毁，结合秋季整形修剪，锯掉有虫枝烧毁。

2）利用成虫的趋光性，6~7月设黑光灯诱杀。

3）敲击树干根颈部，有空响声时，即撬开树皮捕杀幼虫。

4）冬季结合刨树盘、土壤深翻，挖出虫茧。

5）6~7月产卵期，在距地面1.5m以下树干及根颈部喷40%乐果乳油1500倍液，2.5%溴氰菊酯、20%杀灭菊酯3000~5000倍液，防治初孵幼虫；5~10月幼虫危害期，用40%乐果20~50倍液注入或喷入虫道内，并用湿泥土封严，以毒杀幼虫。

6）注意保护和利用啄木鸟等天敌。

五 天牛

天牛属鞘翅目，天牛科。分布较广，在河北、河南、北京、山东、山西、陕西、甘肃、四川、云南、贵州等地均有发生。是一种毁灭性蛀干害虫，为害多种果树和林木。幼虫是主要为害虫态，蛀食枝、干的木质部和髓部。造成枝干隧道纵横，影响水分和养分输导，受害轻时树势衰弱，枝干遇风易折断。严重时枝干枯死，甚至整树死亡（彩图30）。

【形态特征】 成虫体长57~97mm，黑褐或灰褐色。触角鞭状，长于体。前胸背板有一对肾形白斑，两侧各有一大刺突。卵长椭圆形，长8~10mm，浅土黄色，弯曲略扁，壳硬，光滑。幼虫长74~100mm，浅白色，头扁平，前胸背面有橙黄色半月牙形斑块（彩图31）。

【防治方法】

1）人工防治。

①人工振树捕杀成虫。7~8月于产卵前成虫发生期，利用其活动性弱和假死性特点，白天振动枝干使成虫受惊落地捕杀成虫。

②诱杀。利用成虫的趋光性和假死性，晚上用黑光灯引诱捕杀。

③灭卵和捕杀幼虫。成虫产卵有明显标志（川形刻槽），产卵盛期检查产卵伤口和刻槽，用刀挖卵或木槌等硬器敲击，击打杀卵；可砸死卵或初孵幼虫；对于已蛀入的小幼虫，为蛀食期时，检查发现树干虫粪的，用刀挖出或划刺树皮内的小幼虫；大幼虫为害期，根据其排粪孔，用钢丝钩杀已蛀入树干的幼虫（彩图32、彩图33、图9-2、图9-3）。

图9-2　钢丝钩

图9-3　钩杀蛀干天牛的幼虫

2）树干涂白。冬季或5～6月成虫产卵后，用石灰5kg、硫黄0.5kg、食盐0.25kg、水20kg充分拌和后，涂刷树干基部，能防治成虫卵，又可杀死幼虫。

3）喷药防治。7～8月间，每隔10～15天，在各产卵刻槽上喷40%杀虫净乳剂500～1000倍液喷雾防治成虫，效果可达80%以上。

4）注射药物（毒签、塞药棉或海绵块、熏蒸等）。发现排粪新鲜的虫孔，找到最后1孔，清除排泄孔中的虫粪、木屑，然后注射药液，常用药剂及浓度为：菊酯类100倍，有机磷类30倍，药液量为10～20mL。也可用80%敌敌畏乳液100倍，50%辛硫磷乳剂200倍液防治。注射后，流出药液时用湿黏土封口即可。或堵塞药泥、药棉球，封好口，以毒杀幼虫（图9-4、图9-5、图9-6）。

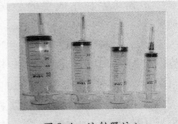

图9-4　注射器注入

图9-5　毒签　　　　　　　图9-6　塞药棉

5）保护天敌。大斑啄木鸟是蛀干害虫天牛的主要天敌，一只成年啄木鸟一天可以吃掉约50只天牛的幼虫，一对成年啄木鸟可以保护100亩左右的林子（图9-7）。

图9-7　啄木鸟

六　木橑尺蠖

木橑尺蠖属鳞翅目，尺蠖蛾科。又名木橑步曲，俗称吊死鬼、量天尺、小大头虫，是河北、山东、陕西、山西、四川、甘肃等地普遍发生的一种杂食性害虫。寄主有150余种，主要为害核桃和木橑。大发生时，3～5天即可将树叶吃光，严重影响树势和产量。

【形态特征】　成虫体长18～22mm，翅展72mm，腹背近乳白色，腹末棕黄色。复眼为深褐色；卵扁圆形，绿色，长0.9mm。卵块上有一层黄棕色绒毛，孵化前变为黑色；幼虫有6个龄期，老熟幼虫体长约70mm，体色随幼虫发育渐变为草绿色、绿色、浅褐色或棕黑色；蛹长约30mm，宽8～9mm，初为翠绿色，后为黑褐色。体表布小刻点，光滑（彩图34）。

【生活习性】　在河南、河北、山西每年发生1代。以蛹在树干周围土内3cm处或石缝内、杂草及碎石堆中越冬。在河北5月上旬至8月下旬羽化，7月中下旬为盛期。成虫趋光性强。羽化后交尾，卵块产于树皮缝或石块上。初孵幼虫有群集性，活泼，爬行很快，能吐丝下垂借风力转移危害。幼虫期40天左右，老熟幼虫坠地在树下3cm左右深的土缝、石缝或乱石下化蛹。

【防治方法】

1）落叶后至封冻前，早春解冻后至羽化前，结合整地组织人工挖蛹。

2）5~8月成虫羽化期，利用成虫趋光性，晚上烧堆火或设黑光灯诱杀（200W电灯也可）。

3）各代幼虫孵化期喷90%敌百虫800~1000倍液、50%辛硫磷乳油1200倍液、5%氯氰菊酯乳油3000倍液、10%天王星乳油3000~4000倍液，均有较好的防治效果。

4）7~8月释放赤眼蜂，对害虫可起到一定的控制作用。

七 蚜虫

蚜虫又称蜜虫、腻虫等，多属于同翅目蚜科，为刺吸式口器的害虫。

【危害特点】 常群集于叶片、嫩茎、花蕾、顶芽等部位，刺吸汁液，使叶片皱缩、卷曲、畸形，严重时引起枝叶枯萎甚至整株死亡。蚜虫分泌的蜜露还会诱发煤污病、病毒病并招来蚂蚁危害等。危害种类多，主要有多毛黑斑蚜、小麦蚜虫、苹蚜、菜蚜、桃蚜等（彩图35）。

【生活习性】 蚜虫的繁殖力很强，一年能繁殖10~30个世代，世代重叠现象突出。

【防治方法】 结合修剪，将蚜虫栖居或虫卵潜伏过的病枯枝叶，彻底清除，集中烧毁；有条件的还可利用瓢虫、草蛉等天敌进行防治。发现大量蚜虫时，应及时隔离，并立即选用药物消灭害虫。

1）用1:15的比例配制烟叶水，泡置4h后喷洒。

2）用1:4:400的比例，配制洗衣粉、尿素、水的混合溶液喷洒。

3）用10%乐果乳剂1000倍液或马拉硫磷乳剂1000~1500倍液或敌敌畏乳油1000倍液喷洒。

4）对桃粉蚜一类被有蜡粉的蚜虫，施用任何药剂时，均应加0.1%中性肥皂水或洗衣粉。

八 刺蛾

刺蛾也叫洋辣子、毛辣虫。食性杂，为重要的食叶害虫。

【形态特征】

1）成虫。体长13～18mm，翅展28～39mm，体暗灰褐色，腹面及足色深，触角雌虫丝状，基部10多节呈栉齿状，雄虫羽状。前翅灰褐稍带紫色，中室外侧有一明显的暗褐色斜纹，自前缘近顶角处向后缘中部倾斜；中室上角有一黑点，雄蛾较明显。后翅暗灰褐色。

2）卵。扁椭圆形，长1.1mm，初为浅黄绿色，后呈灰褐色。

3）幼虫。体长21～26mm，体扁椭圆形，背稍隆起似龟背，绿色或黄绿色，背线白色、边缘蓝色；体边缘每侧有10个瘤状突起，上生刺毛，各节背面有2小丛刺毛，第4节背面两侧各有1个红点。

4）蛹。体长10～15mm，前端较肥大，近椭圆形，初乳白色，近羽化时变为黄褐色。茧长12～16mm，椭圆形，暗褐色（彩图36）。

【发生规律】 北方1年发生1代，长江下游地区2代，少数3代。均以老熟幼虫在树下3～6cm土层内结茧以前蛹越冬。1代区5月中旬开始化蛹，6月上旬开始羽化、产卵，发生期不整齐，6月中旬至8月上旬均可见初孵幼虫，8月危害最重，8月下旬开始陆续老熟入土结茧越冬。2～3代区4月中旬开始化蛹，5月中旬至6月上旬羽化。第一代幼虫发生期为5月下旬至7月中旬。第二代幼虫发生期为7月下旬至9月中旬。第三代幼虫发生期为9月上旬至10月。以末代老熟幼虫入土结茧越冬。成虫多在黄昏羽化出土，昼伏夜出，羽化后即可交配，2天后产卵，多散产于叶面上。卵期7天左右。幼虫共8龄，6龄起可食全叶，老熟幼虫多夜间下树结茧。

【防治方法】

1）夏季（1代区）和冬春季（1～2代区）结合修剪等生产作业，剪除虫茧或掰掉虫茧。或挖除树基四周土壤中的虫茧，以减少虫源。

2）在低龄幼虫群集危害时，剪除虫叶，杀死幼虫。

3）在幼虫低龄期喷洒20%敌灭灵或20%灭幼脲3号悬浮剂等。

4）严重时在幼虫盛发期喷洒80%敌敌畏乳油1200倍液或50%辛硫磷乳油1000倍液、50%马拉硫磷乳油1000倍液、25%亚胺硫磷乳油1000倍液、25%爱卡士乳油1500倍液、5%来福灵乳油3000倍液。也可喷洒灭扫利等杀虫剂，均可防治害虫。

九　草履介壳虫

草履介壳虫属同翅目，绵蚧科。又名草鞋介壳虫。在北京、辽宁、河南、河北、山东、山西、陕西、甘肃、安徽、江苏、江西、福建等地均有分布，以若虫和雌成虫的刺吸口器插入嫩枝皮和嫩芽内吸食汁液为害，影响发芽和树势，导致枝条干枯死亡。

【形态特征】　雌成虫无翅，体长10mm，扁平椭圆形，灰褐色，背面隆起似草鞋，黄褐至红褐色，疏被白蜡粉。雄成虫体长约6mm，翅展11mm左右，紫红色。卵椭圆形，长1~1.2mm，初产时黄白色，渐成赤褐色。若虫体型与雌成虫相似，体小色深。雄蛹圆锥形，浅红紫色，长约5mm，外被白色蜡状物（彩图37）。

【生活习性】　每年发生1代。以卵和若虫在寄主树干周围土缝和砖石块下或10~12cm土层中越冬。在河北2月开始孵化，河南最早于1月即有若虫出土。初龄若虫行动迟缓，天暖上树，天冷回到树洞或树皮缝隙中隐蔽群居。雌虫经3次蜕皮后变成成虫，雄虫第二次蜕皮后化蛹。4月下旬到5月上旬羽化，与雌虫交配后死亡。

【防治方法】

1）冬季结合刨树盘，挖除在根颈附近土中越冬的虫卵。

2）早春若虫上树为害时，在树干基部涂6~10cm宽黏胶环，并在若虫上树前，用6%的柴油乳剂喷根颈部表土。

3）若虫下树后，在核桃发芽前喷3~5波美度石硫合剂，发芽后喷40%乐果800倍液。

4）保护大星瓢虫等天敌。

十　大青叶蝉

大青叶蝉属同翅目，叶蝉科。又名青叶蝉、青叶跳蝉、大绿浮尘子。全国各地普遍发生，食性杂，寄主广泛。大青叶蝉对核桃树的为害主要是由产卵造成的，是苗木和定植幼树的大敌。受害重的苗木或幼树的枝条逐渐干枯，严重时可全株死亡。

【形态特征】 成虫体长 7~10mm，身体黄绿色，头橙黄色，复眼黑褐色，有光泽。头部背面具单眼 2 个，两单眼之间有多边形黑斑点。前胸背板前缘黄绿色，其余为绿色，前翅绿色并有青蓝色光泽，末端灰白色，半透明，后翅及腹背面烟黑色，半透明。腹部两侧、腹面及胸足橙黄色。前、中足的附爪及后足胫节内侧有黑色细纹，后足排状刺的基部为黑色。卵长卵圆形，长约 1.6mm，稍弯曲，乳白色，近孵化时变为黄白色。以 10 粒左右排列成卵块。

低龄若虫灰白色，微带黄绿。3 龄后黄绿色，体背面有褐色纵条纹，并出现翅芽。老熟若虫体长约 7mm，似成虫，仅翅未完成发育（彩图 38）。

【生活习性】 1 年发生 3 代，以卵在树干、枝条或幼树树干的表皮下越冬。第二年 4 月孵化出若虫。若虫孵化后即转移到附近的作物及杂草上群集刺吸为害，并在这些寄主上繁殖 2 代，5~6 月出现第一代成虫，7~8 月出现第二代成虫。第三代成虫于 9 月出现，仍为害上述寄主。在大田秋收后，即转移到绿色多汁蔬菜或晚秋作物上。到 10 月中旬，成虫开始迁往核桃等果树上产卵，10 月下旬为产卵盛期，并以卵态越冬。成、若虫喜栖息在潮湿背风处，往往在嫩绿植物上群集为害，有较强的趋光性。

【防治方法】

1）在成虫发生期，可利用其趋光性用黑灯光诱杀。

2）在成虫产越冬卵前，幼树树干涂白，可阻止成虫产卵。在幼树主干或主枝上缠纸条，也可阻止成虫产卵。

3）对于卵量较大的植株，特别是幼树，可组织人力用小木棍将树干上的卵块压死。

4）在成虫产卵期，可喷洒 80% 敌敌畏乳剂 1000 倍液，或 25% 喹硫磷乳剂 1000 倍液，或 20% 叶蝉散乳剂 1000 倍液防治。

第三节　无公害综合防治

在我国危害核桃的病虫害种类较多，目前已知的害虫有 120 余种，病害有 30 多种。依其主要受害部位与器官，可分为叶部病虫害、枝干病虫害、果实病虫害与根部病虫害四类。由于各核桃产区生态条件不同，病虫害的种类、分布及危害程度也各不相同。有的地方仅有某一种病虫害发生严重，有的地方果实、枝干、叶部、根部病虫害都很严重。有的主要是虫害，有的虫害、病害同时危害或交替发生危害，对核桃树的生长发育、果实产量与品质均造成不同程度的影响。过去由于果园长期依赖化学农药防治病虫害，尤其是使用毒性大、残效期长的农药，产生了许多不良后果。因此在产地环境安全的前提下，生产无公害果品必须依赖无公害病虫害综合防治技术。

一 无公害防治原则

1. 预防为主，综合防治

这是我国果树病虫害防治的总方针。"预防为主"，是指在病虫害发生之前采取措施，把病虫害消灭在未发生前或初发阶段。"综合防治"，即从生物与环境的总体出发，本着预防为主的指导思想和安全、经济、有效、简易的原则，充分利用自然界抑制病虫害的各种因素，创造不利于病虫害发生及危害的环境条件，灵活、有机地选用各种必要的防治措施，即以农业综合防治为基础，根据病虫害的发生发展规律，因时、因地制宜，合理运用物理措施、生物技术及化学药剂防治等，经济、安全、有效地控制病虫危害。既要达到高产、优质、高效的目的，又要把可能产生的副作用降到最低限度，以保护和恢复生态平衡。对于果树而言，主要包括三点内容：一是从果树生产的自身特点和生态系统的总体观念出发，各种防治措施都要考虑病虫害与各种因素的相互关系，既要注意当时的防治效果，又要考虑多年持续性的生产特点，同时还要保护有益生物；二是要注意各种措施的有机协调与配合，充分利用农业综合措施，在此基础上合理选择并配合使用物理的、生物的及化学药剂的有效方法，因时、因地、因病虫害种类不同而采取必要的防治技术，最终达到经济有效的防治目的；三是要全面考虑经济、安全、有效三者的有机结合，无论采取任何措施，都既要控制病虫危害，又要注意节约人力财力，降低防治成本，最终达到丰产、优质、高效，并要保证人畜安全，避免或减少对环境的污染和对生态平衡的破坏。

2. 抓住主要病虫害，主次兼治

在不同生长发育阶段或不同地区（或果园），核桃都可能受到多种病虫害不同程度的危害，但具体防治时要善于抓住主要病害或害虫种类，集中力量解决对生产危害最大的；同时也要密切注意次要病虫害的发展动态和变化，有计划、有步骤地防治。新建核桃园调运苗木时，主要应考虑并坚决避免苗木所传带的危险性病虫，如菌核性根腐病等；幼龄核桃园以保叶促长为主，病虫害的防治重点是为害叶片的病虫害和严重为害枝干的害虫，如细菌性黑斑病、核桃缀叶螟等；盛果期以保果保树为主，其防治重点是为害果实的病虫害和枝干病害，如举肢蛾、云斑天牛、炭疽病。不同物候期防治的重点及措施也不相同，应从全局出发、有主有次、全面安排、统筹兼顾。休眠期的防治重点是依据当地的主要病害及害虫种类，搞好果园卫生，并采取相应措施消灭越冬的病原物和害虫；展叶开花期，是防治病害的初侵染和害虫的始发阶段，应注意选好药剂种类、药剂浓度和用药时机等，主要针对当年可能严重发生的病害及害虫，而且要尽量兼顾其他病虫害；结果期至成熟采收期，以保证果实正常生长发育为主，主要措施以保果为中心，兼顾保叶。此外，不同气候条件下的病虫害防治重点也不相同，如干旱年份或地区以防治叶螨类为主，而在雨水较多年份或地区应以防治细菌性黑斑病和炭疽病为主。

3. 立足群体，点面结合

果树病虫害的防治主要是面对果树的群体，控制病虫害在群体中的发生与危害。病虫害造成园貌不整，必然影响单位面积和整体的产量与效益。单株发病往往是群体发病的基础和先兆。所以，防治核桃病虫害应点面结合，在注意群体的同时，还必须重视单株；在全面防治的同时，还必须重视少数植株的病虫害治疗。例如，有些害虫（如介壳虫类）在园内扩展蔓延速度缓慢，发生危害具有相对的局限性，甚至只发生在个别植株上，这样的情况下就应以单株为单位进行防治，既可达到防治目的又可节约投入成本。病斑和病树治疗及害虫有选择性防治，既是避免死枝死树、保持园貌整齐的重要环节，也是预防病虫害由点到面扩大流行的有效措施。

4. 措施得当，抓住要害

以最少的人力、物力、财力，最大限度地控制病虫危害是搞好果树病虫害综合治理的基本要求。要掌握病虫害的发生规律和发生特点，把有限的人力、物力、财力用在最关键的时刻。例如，利用核桃瘤蛾幼虫白天在树皮缝隐蔽和老熟幼虫下树作茧化蛹的习性，可在树干上绑草诱杀，而利用成虫的趋光性于6月上旬至7月上旬成虫大量出现期间可设黑光灯诱杀。措施得当必须有合理的防治指标，除少数特别危险性或检疫性病虫害要立足于彻底控制外，对绝大多数病虫害均不必要求其完全不发生。例如，对叶部病虫害，只要能控制叶片不早期大量脱落，保证果实和树体正常的营养供应即可；对果实病虫害，只要能控制到病虫果率不超过5%即可。过高的要求，只能用过高的防治投资成本来实现，不符合经济效益的原则。

5. 重点突出，有效防治

在核桃生长发育的过程中，都会有许多种害虫或病菌不同程度地对其造成影响，有的可以造成很大危害，有的几乎没有什么影响，即对人类的经济活动没有损害或损害甚微。例如有的食叶害虫或为害叶片的病害，属于偶发性害虫或病害，一般只是零星发生，只危害极少数叶片，而并不影响果树的正常生长发育或并不能造成显著的经济损失。这类害虫或病害，虽然生产中偶有发生，但并不需要防治。而核桃举肢蛾、炭疽病等害虫或病害，在山西、陕西、河南、河北等省的核桃主产区普遍发生，每年都有可能造成严重损失，所以必须进行针对性防治，以控制或减轻其危害程度。另外，如核桃枝枯病、腐烂病等枝干病害，虽然一般只是零星发生，但其发生后常造成受害树的死亡，能迅速蔓延扩展，损失较大，所以发现后也应尽快及时进行治疗，不能等严重后再治疗，为时已晚。

6. 保护环境，科学用药

病虫害的发生危害程度受环境条件制约，其中许多因素是可人为控制的。在栽培管理过程中，有目的地创造有利于树体生长发育的环境条件，使树体生长健壮，提高其抗病虫能力，同时，创造不利于病虫活动、繁殖和侵染的环境条件，减轻病虫害的危害程度，是最理想的综合防治技术。通过控制小气候因素，减轻病虫害的发生危害程度，减少用药次数，保护环境，降低支出。如合理修剪，使果园通风透光良好，可降低核桃炭疽病的发生危害程度，加强土肥水管理，可使土壤疏松，通气良好，微生物活跃，提高肥力，有利于根系生长，可以减轻根部病害。

另外，农药使用不当往往污染环境、增加成本，造成农药残留，使生态平衡受到严重破坏，诱发许多病虫严重发生，进而导致农药用量进一步增加，形成恶性循环。所以，在实际生产中首先应该筛选和使用高效、低毒、低残留的专化性药剂，逐渐淘汰高毒、高残留的广谱性药剂；其次要根据药剂的种类与性质、树体的敏感程度，以及病虫害的危害程度，对症下药，避免滥用农药；最后应推广病虫害的非农药防治措施，采取综合防治技术，逐渐减少对农药的依赖性。

二 综合防治方法

核桃病虫害的种类较多，防治措施也多种多样，仅仅依靠农药防治是达不到事半功倍的效果的，还会对环境及果品造成污染。因此，在核桃病虫害防治中，应从生态学的整体观念出发，采用植物检疫、农业防治、人工防治、物理防治、生物防治及化学防治等综合措施，把病虫控制在经济受害水平之下，达到高产、稳产、优质、无公害的目的。

1. 植物检疫

植物检疫是国家保护农业生产的重要措施，它是由国家颁布条例和法令，对植物及其产品，特别是苗木、接穗、插条、种子等繁殖材料进行管理和控制，防止危险性病、虫、杂草传播和蔓延。植物检疫是贯彻"预防为主，综合防治"的重要举措之一，因此在从外地引进或调出核桃苗木、种子、接穗时，必须进行严格的检疫检验，防止危险病虫害的传播扩散。

2. 农业防治

农业防治是在认识病虫、果树和环境条件三者之间的相互关系的基础上，采用合理的农业栽培措施，有目的地创造有利于果树生长发育的环境条件，提高果树的抗病能力，同时，创造不利于病虫害活动、繁殖的环境条件，或是直接消灭病虫害，从而控制病虫害发生的程度，能取得化学农药防治所不可比及的良好效果。

（1）选育和利用抗病品种　这是防治果树病害的重要途径之一。不同品种对于病虫害的抗性不同，在建园及高接换优时，应优先考虑选用抗病品种，如晚实品种"清香"，就具有抗病性强的特点。

（2）培育无病虫苗木　一些病虫害是随着苗木、接穗、插条、种子等繁殖材料扩大传播的，因此必须将培育无病虫的苗木作为一项十分重要的措施，尤其在新建果园时，一定要使用无病虫害的优质苗木。

（3）科学修剪，合理负载　科学修剪，确定合理的负载量，可以调整树体营养分配，创造良好的通风透光条件，进而促进树体生长健壮、恶化病虫繁殖条件，增强树体的抗病虫能力。此外，结合修剪还可以去掉病枝、病梢、病干、病芽和僵果，减少病源和虫源的数量。

（4）改善耕作制度与加强肥水管理　根据果园的土壤、气候条件，因地制宜地建立合理的土壤耕作制度和肥水管理制度，可以提高果树的抗病能力，建立不利于病虫生长繁殖的环境条件，从而起到壮树防病虫的作用。如刨树盘，既可疏松土壤促进根系生长，将地表的落叶翻于地下，也可将在土壤中的越冬害虫和病菌翻于地表。加强果园卫生，及时清除病株、病虫果和病虫叶并集中销毁，深耕除草，去除转寄主植物，可以及时消灭和减少初侵染以及再侵染的病虫来源。加强肥水管理，增施有机肥，改善果园土壤、水分和营养状况，促进根系发育，提高植株抗病性。

3. 物理防治

利用简单工具和各种物理因素，如光、热、电、温度、湿度和放射能、声波等防治病虫害的措施称为物理防治。包括最原始、最简单的徒手捕杀或清除，以及近代物理最新成果的运用。

利用许多害虫有群集和假死的习性，可采用人工捕杀，例如核桃云斑天牛有受惊假死性，可在白天振动枝干使成虫受惊落地进行捕杀；草履介壳虫早春若虫将要上树为害时，在树干基部涂宽黏胶环，阻止或杀死上树若虫。一些害虫如核桃瘤蛾幼虫喜欢在干翘皮、草丛、落叶中越冬，利用这一习性，可在果实采收后在树干绑缚松散草绳，以诱杀幼虫。利用昆虫趋光性，在园内安装黑光灯，以光诱杀趋光性害虫的成虫，对鳞翅目、鞘翅目、双翅目、半翅目、直翅目害虫的成虫都有良好的诱杀效果，也可在果园便道堆火，诱蚱蝉等扑火而死。对于有趋化性的害虫，还可以利用糖醋液、性外激素诱杀等方法消灭害虫。

4. 生物防治

生物防治是利用有益生物或其他生物来抑制或消灭有害生物的一种防治方法。它的最大优点是不污染环境，是农药等非生物防治病虫害方法所不能比的。利用自然界捕食性或寄生性天敌，联合对植食性害虫进行捕杀，减少了农药使用次数，降低了农药污染，使农业生态环境大为改善，降低了防治成本，对无公害果品的生产具有十分重要的意义。

自然界天敌资源非常丰富，这些天敌对控制病虫害的发展起着重要的作用。如捕食性生物，包括草蛉（彩图39）、步行虫（彩图40）、瓢虫、畸螯螨、钝绥螨、蜘蛛、蛙、蟾蜍以及许多食虫益鸟（啄木鸟）等；寄生性生物，包括寄生蜂、寄生蝇等；病原微生物，包括苏芸金杆菌、白僵菌等。

5. 化学防治

利用化学农药直接杀死病菌和害虫的方法叫做化学防治。化学防治见效快、效率高、受区域限制较小，特别是对大面积、突发性病虫害可在短期内迅速得到控制。但长期使用一种药剂，易导致病虫的抗药性增加、害虫的再次猖獗和次要害虫上升，以及农药残留污染环境、人、畜和食品等。尽管化学防治存在诸多弊端，但因其方法简单、效果好、便于机械化作业，目前仍是果树病虫害最有效的控制手段，对于病虫害发生面积大、蔓延快、使用其他方法难以控制，危害程度严重并对生产构成重大威胁的情况下，采用化学防治会收到良好的效果。在选择农药时应遵循以下几点。

（1）对症下药　"症"指的是病原物和害虫。每种药剂只对某些一定类群的病原物或害虫有效，即使广谱药剂如波尔多液，也只适用于绝大多数真菌病害，而对白粉病菌效果不佳，由此在确定病虫的基础上用药才能有效控制病虫危害，节省不必要的开支。根据病虫预测预报或历年发生规律，按照"防重于治"的原则，在病虫害发生之前喷保护剂，可有效地预防病虫害的发生。

（2）适时用药，保证质量　各种病虫害需研究确定其药剂的防治指标，再根据当时的预测预报及时施用，过早过迟都会造成浪费或损失。根据所用药剂的残效期长短、病害流行速度、天气状况和果树生育状况决定喷药次数及间隔期长短。必须注意与所用机具和方法配合得当，保证所需药量，药量不足则防效不佳，而且贻误时机；药量过多又造成浪费。喷药时间要科学，特别在夏季气温高时更应注意，晴天喷药时间应在上午10：00以前、下午4：00以后，以防药液中水分蒸发过快，药液浓度迅速增高而发生药害。喷施时需保证均匀周到，不留死角，力求防治彻底。

（3）交替用药　若长期大面积使用某一类药剂，会促使病虫产生抗药性，导致用药量被迫逐年增大，防效一再降低，形成恶性循环。因此在选择农药时，为了延长那些高效、特效药剂的使用年限，维持它们的持久威力，在同一地块内不要连续多年、多次、单一使用这些药剂，而宜选用不同的有效药剂轮换使用或选用杀菌机制不同的两三种药剂混合使用。如杀虫剂中的拟除虫菊酯、氨甲酸酯、生物农药等几类农药可以交替使用。反之，像波尔多液这类一般性杀菌剂，它的杀菌机制在于铜离子凝固病菌原生质，选择性不强，因而对波尔多液始终尚未发生抗药性问题，可放心坚持使用。

三　农药的使用标准

生产优质安全果品，应禁止使用剧毒、高毒、高残留和致畸、致癌、致突变的农药，提倡使用高效、低毒、低残留的无公害农药。在使用农药时要注意用药安全，不能导致药害；尽量采用低毒、低残留农药，以降低残留与污染，并避免对生态平衡的破坏；选择高效药剂，保证防治效果，充分控制病虫危害；要耐雨水冲刷，充分发挥药效，减少用药次数；合理选用混配农药，既要充分发挥不同类型药剂的作用和特点，又要避免一些负面作用；使用农药应有长远和全局观点，不能只顾眼前和局部利益。

1. 严格执行农药使用准则

国家对农药的使用进行了严格的规定，禁止和限制了一些农药的生产和使用。

（1）禁用农药

1）有机磷类高毒药。对硫磷（一六○五、乙基一六○五、一扫光）、甲基对硫磷（甲基一六○五）、久效磷（纽瓦克、纽化磷）、甲胺磷（多灭磷、克螨隆）、氧化乐果、甲基异柳磷、甲拌磷（三九一）、乙拌磷及较弱致突变作用的杀螟硫磷（杀螟松、杀螟磷、速灭虫）。

2）氨基甲酸酯类高毒药。灭多威（万灵、万宁、快灵等）、呋喃丹（克百威、虫螨威、卡巴呋喃）等。

3）有机氯类高毒、高残留药。六六六、滴滴涕、三氯杀螨醇（开乐散、含滴滴涕）。

4）有机砷类高残留致病药。福美砷（阿苏妙）及无机砷制剂，如砷酸铅等。

5）二甲基甲脒类慢性中毒致癌药。杀虫脒（杀螨脒、克死螨、二甲基单甲脒）。

6）具连续中毒及慢性中毒的氟制剂。氟乙酰胺、氟化钙等。

（2）推荐使用的农药

1）杀虫剂、杀螨剂。

①生物制剂和天然物质。苏云金杆菌（Bt、青虫菌、敌宝）、甜菜夜蛾核多角体病毒、银纹夜蛾核多角体病毒、小菜蛾颗粒体病毒、茶尺蠖核多角体病毒、棉铃虫核多角体病毒、苦参碱（蚜螨敌、苦参素）、印楝素、烟碱、鱼藤酮、苦皮藤素、阿维菌素（爱福丁、灭虫灵、齐螨素、虫螨克）、多杀霉素（菜喜）、浏阳霉素、白僵菌、除虫菊素、硫黄。

②合成制剂。溴氰菊酯（敌杀死）、氯氟氰菊酯（百树得）、氯氰菊酯（农地乐）、联苯菊酯（天王星）、氰戊菊酯（速灭杀丁）、甲氰菊酯（灭扫利）、氟丙菊酯、硫双威、丁硫克百威、抗蚜威（辟蚜雾）、异丙威、速灭威、辛硫磷、毒死蜱（乐斯本）、敌百虫、敌

敌畏、马拉硫磷、乙酰甲胺磷、乐果、三唑磷、杀螟硫磷、倍硫磷、丙溴磷、二嗪磷、亚胺硫磷、灭幼脲、氟啶脲、氟铃脲、氟虫脲（卡死克）、除虫脲、噻嗪酮、抑食肼、虫酰肼（米满）、哒螨灵（扫螨净、灭螨灵、牵牛星）、四螨嗪、唑螨酯、三唑锡、克螨特（炔螨特、灭螨特）、噻螨酮（扑虱灵）、苯丁锡、单甲脒、双甲脒、杀虫单、杀虫双、杀螟丹、甲胺基阿维菌素、啶虫脒（莫比朗）、吡虫啉（大功臣、蚜虱净、一遍净）、灭蝇胺、氟虫腈、溴虫腈、丁醚脲。

2）杀菌剂。

①无机杀菌剂：碱式硫酸铜、王铜、氢氧化铜（可杀得）、氧化亚铜（铜大师）、石硫合剂。

②合成杀菌剂：代森锌、代森锰锌（新万生、大生）、福美双、乙膦铝（疫霉灵、克霉、霉菌灵）、多菌灵、甲基硫菌灵、噻菌灵、百菌清（达科宁）、三唑酮（粉锈宁）、三唑醇、烯唑醇（禾果利、速保利、特普唑）、戊唑醇、己唑醇、腈菌唑、乙霉威·硫菌灵、腐霉利（速克灵）、异菌脲（扑海因）、霜霉威（普力克）、烯酰吗啉·锰锌（安克·锰锌）、霜脲氰·锰锌（克露）、邻烯丙基苯酚、嘧霉胺、氟吗啉、盐暖吗啉胍、恶霉灵（土菌消、绿亨一号）、噻菌铜（龙克菌）、咪鲜胺（使百克、施保克）、咪鲜胺锰盐、抑霉唑、氨基寡糖素、甲霜灵·锰锌（瑞毒霉）、亚胺唑、春·王铜（加瑞农）、噁唑烷酮·锰锌、脂肪酸铜、松脂酸酮、腈嘧菌脂。

③生物制剂：井冈霉素、农抗120、菇类蛋白多糖（抗毒剂1号）、春雷霉素、多抗霉素、宁南霉素、木霉菌、农用链霉素。

2. 科学使用农药

（1）避免造成药害 在清晨至上午10：00前和下午4：00后至傍晚用药，可在树体内保留较长的农药作用时间，对人和作物较为安全；而在气温较高的中午用药，易产生药害和人员中毒现象，且农药挥发速度快，杀病虫时间较短。药害产生以及药害轻重与多种因素有关。一般无机农药最易产生药害，有机合成农药产生药害的可能性较小，生物源农药不易产生药害。同类农药中，乳油产生药害的可能性大。一般幼嫩组织对药剂较敏感，花期抗药性较差，休眠期耐药性较强。有些药剂高温条件下易产生药害，如硫制剂、有机磷杀虫剂等；有些药剂高湿环境易造成药害，如铜制剂等。使用浓度越高或用药量越大越易发生药害，喷药不均匀、药剂混用或连用不当，也易导致药害。

（2）**提高防治效果** 要获得理想的防治效果，第一，必须对"症"下药，根据病虫害的类型选择相应的农药；第二，要适期用药，根据病虫发生规律，抓住关键期进行药剂防治；第三，根据病虫发生特点，选用相应的施药方法；第四，根据病虫危害程度，合理混合用药及交替用药；第五，充分发挥综合防治作用，有机结合农业措施、物理防治及生物防治等。

（3）**保证喷药质量** 喷药时必须及时、均匀、细致、周到，特别是叶片背面、果面等易受病、虫为害的部位。核桃树体比较高大，喷药时应特别注意树体内膛及上部，应做到"下翻上扣，四面喷透"。

（4）**防止产生抗性** 化学药剂防治注意防止病虫产生抗性。首先要注意适量用药，避免随意加大药量，降低农药的选择压力；其次，合理混合用药，利用药剂间的协同作用，防止产生抗性种群；第三，适当交替用药，同一生长季节单纯或多次使用同种或同类农药时，病虫抗药性明显提高，降低防治效果，交替使用农药可延长农药使用寿命和提高防治效果，减轻污染程度。

（5）**合理使用助剂** 助剂是协同农药充分发挥药效的一类化学物质，其本身没有防治病虫活性，但可促进农药的药效发挥，提高防治效果。如介壳虫类和叶螨类，表面带有一层蜡质，混用某些助剂后，不但可以提高药液的黏附能力，还可增加药剂渗透性，提高防治效果。

（6）**果实成熟、采前停止用药** 根据安全用药标准，保证国家规定的残留量标准的实施，无公害果品采收前20天，应停止用药，个别易分解的农药在此期间应慎用。对于喷施农药后的用具、药瓶或剩余药液及作业防护用品要注意安全存放和处理，以避免产生新的污染。

3. 依据病虫测报科学用药

及时掌握气候、天敌数量和种类、病虫害发生基数及速度等因素，对病虫危害要做多方面预测。在充分考虑人工防治难度和速度、天敌生物控制及物理防治的可行性基础上，作出准确的测报依据，是决定是否应用化学药剂防治病虫害的一项科学方法。病虫害发生时，在经济条件允许的前提下，能用其他无公害手段控制时，尽量不采用化学合成农药防治，在危害盛期有选择地少量科学用药，用综合防治措施来减少用药。

附　　录

━ 3 月

1. 物候期

休眠期、萌芽前期。

2. 主要工作内容

1）整地、施肥、灌水。

2）栽植苗木。

3）对防寒的幼树解除防寒。

4）播种育苗。

5）剪砧。

6）病虫害防治。

① 喷 3~5 波美度石硫合剂。

② 树干涂黏胶环。

3. 技术措施

1）整地。秋季未施基肥的园片补施基肥，对土壤瘠薄的地块可适量补充化肥。修树盘，浇萌芽水（对干旱缺水的地块可覆盖地膜保水保墒）。

2）新栽园片要做好栽植前的准备工作，挖定植穴（1m 见方）；准备好苗木；肥料准备充足等。栽植时要严格按照技术规程操作，注意栽植后苗木的管理。

3）对防寒的幼树解除防寒。

4）播种时床土要细，墒情要好，种子要经过催芽处理。

5）夏季准备芽接的播种苗要进行剪砧（冬季越冬良好的地区可不剪）。

6）病虫害防治。

① 萌芽前喷 3~5 波美度石硫合剂，可有效防治核桃黑斑病、腐烂病、螨类、草履介壳虫等病虫害的发生，对全年病虫害的防治起到至关重要的作用。

② 树干涂黏胶环。在树干涂约 10cm 宽的粘虫带，粘住并杀死树上的草履介壳虫小若虫。注意涂前要将树干刮平，并绑上一块塑料布。

二 4 月

1. 物候期

萌芽、展叶期。

2. 主要工作内容

1）修剪。

2）枝接苗木和高接换优。

3）疏雄。

4）防霜冻。

5）病虫害防治。

① 做好腐烂病的防治工作。

② 金龟子的防治。

③ 草履介壳虫的防治。

④ 核桃黑斑病等病害防治。

3. 技术措施

1）萌芽前，幼树整形修剪，（早实密植园）树形可采用开心形（无中央领导干，四周选留 3~4 个主枝）、小冠疏层形（有中央领导干，分 2~3 层，四周均匀选留 5~7 个主枝）。变则主干形（有中央领导干，不分层，四周均匀选留 5~7 个主枝）。对已成形的树，整形要根据具体情况因树作形，通过拉枝缓和长势，短截增强长势，也可通过疏果来调节长势，尽量使四周和上下的树势均衡。在保证内外有足够枝量的情况下疏除过密枝，使每个枝组有充分的生长空间，每个部位有良好的通风透光条件。

2）苗木枝接和大树高接均用插皮舌接法，接穗要充实健壮，做好接后的管理工作。

3）雄花膨大期，可疏除 80%~90% 的雄花（中下部可多疏，上部少疏），以节约树体养分，增强树势，提高产量。

4）注意收听天气预报，在霜冻来临之前晚12：00四周点火熏烟。

5）病虫害防治。

① 春季是腐烂病的发病高峰，也是防治的关键时期，应及早发现病斑，及时治疗，清除病菌来源。病斑刮口应光滑、平整，以利愈合。病斑刮除范围应超出变色坏死组织1cm左右。要求做到"刮早、刮小、刮了"，刮下的病屑要集中带走烧毁。刮后病疤用50%甲基托布津可湿性粉剂50倍液，或50%退菌特可湿性粉剂50倍液，或5波美度石硫合剂，或1%硫酸铜液进行涂抹消毒。

② 人工捕杀害虫，也可用黑光灯或安放糖醋盆诱杀金龟子，有条件的园片应安装频振式杀虫灯；树冠喷洒忌避剂：硫酸铜1kg、生石灰2～3kg、水160kg；发病严重的园片要进行药剂防治：成虫羽化盛期和产卵高峰，地面喷洒杀虫星500～800倍液或1%绿色威雷2号微胶囊水悬剂200倍液。

③ 草履介壳虫发病严重的，树下根颈部表土喷6%的柴油乳剂或若虫上树初期，用0.5%果圣水剂（苦参碱和烟碱为主的多种生物碱复配而成的广谱、高效杀虫杀螨剂）或1.1%烟百素乳油（烟碱、百部碱和楝素复配剂），也能收到一定效果，同时要保护好黑缘红瓢虫、暗红瓢虫等天敌。

④ 核桃黑斑病等病害防治。雌花开花前和幼果期喷50%的甲基托布津800～1000倍液1～2次。

三 5月

1. 物候期

开花、坐果、果实膨大期。

2. 主要工作内容

1）苗圃管理，高接后管理。

2）施肥、灌水。

3）中耕除草。

4）夏剪。

5）病虫害防治。

① 核桃蚜虫的防治。

② 核桃举肢蛾的防治。

3. 技术措施

1）高接树除萌、解袋放风。

2）根据土壤墒情，有灌溉条件的应灌水 1 次。5 月中旬后可进行叶面喷肥，喷 0.3% 尿素或专用叶面微肥。

3）进行中耕除草，要求"除早、除小、除了"，并保证土壤疏松透气。

4）在 5 月中旬开始夏剪，疏除过密枝，短剪旺盛发育枝（增加枝量，培养结果枝组，但对夏剪幼树的当年枝和新生二次枝一定要做好防寒），幼树枝头不短剪，继续延长生长，扩大树冠，可通过疏果来调整长势。

5）病虫害防治。

① 核桃蚜虫的防治。核桃新梢生长期，易受蚜虫危害，严重园片可用吡虫啉等药剂防治。

② 核桃举肢蛾的防治。可用性引诱剂预测举肢蛾的发生。树盘内覆土以防止成虫羽化出土。

四 6 月

1. 物候期

花芽分化和硬核期。

2. 主要工作内容

1）芽接。

2）高接树管理。

3）中耕除草。

4）追肥。

5）病虫害防治。注意核桃举肢蛾、木橑尺蠖、刺蛾类、核桃瘤蛾、桃蛀螟、核桃小吉丁虫和核桃褐斑病、炭疽病等病害的防治。

3. 技术措施

1）6 月采用方块芽接，接穗要随采随用，避免长距离运输，接后留 1～2 片复叶。

2）高接树绑支柱，防风折。

3）中耕除草，用草覆盖树盘或反压地下。

4）花芽分化前追肥，也可叶面喷肥。

5）病虫害防治。夏季进入高温、高湿季节，是各种病虫的高发期，应注意检测，及时防治，此期主要采用灯光诱杀各种成虫和药剂防治的方法，要根据各种病虫害的发生发展规律，抓住关键防治期进行喷药，不用高毒、高残留和国家禁用农药，尽量采用各种低毒和生物、矿物和植物源类农药，不能随意提高或降低药品的使用浓度。

五 7月

1. 物候期

种仁充实期。

2. 主要工作内容

1）芽接后的管理。

2）中耕除草。

3）病虫害防治。

3. 技术措施

1）芽接后及时进行除萌蘖、及时解绑。

2）中耕除草。对水源条件较差的地块，要修树盘、覆草，以便蓄雨水，保墒情。

3）捡拾落果、采摘虫害果，及时烧毁或深埋；树干绑草诱杀核桃瘤蛾；黑光灯诱杀成虫；药剂防治各种病害。

六 8月

1. 物候期

果实成熟前期。

2. 主要工作内容

1）排水。

2）叶面喷肥。

3. 技术措施

1）8月雨水多，对低洼容易积水的地方，应挖排水沟进行排水。

2）叶面喷肥。喷0.3%磷酸二氢钾1～2次，以促进树体充实。

附录

七 9月

1. 物候期

果实采收期。

2. 主要工作内容

1）适时采收，采后加工处理。

2）修剪。

3）施基肥。

4）病虫害防治。

3. 技术措施

1）果皮由绿变黄，部分青皮开裂时采收，避免过早采收。采收后及时脱青皮，一般情况果实无须漂白，只用清水冲洗干净即可；洗后及时晾晒。

2）修剪。采果后进行修剪。对初果和盛果期树要培养主、侧枝，调整主、侧枝数量和方向，使树势均衡；疏除过密枝，达到外不挤、内不空。使内外通风透光良好，枝组健壮，立体结果。对放任树和衰老树应剪除干枯枝、病虫枝，回缩衰老枝，使树体及时更新复壮，维持树势。

3）施基肥。采果后进行，以有机肥为主，在树冠垂直投影外侧挖环状沟、条沟或放射状沟，深 50cm，每株大树可施腐熟鸡粪 20~50kg，与表土混匀施入，也可与秸秆混施，或粗肥 100~200kg。施肥部位每 2~3 年轮换 1 次，根据土壤肥力情况，可适当间歇轮换。

4）病虫害防治。

① 结合修剪，剪除枯枝、叶片枯黄枝、落叶枝及病果，集中销毁。

② 注意腐烂病的秋季防治。防治方法与春季的相同。

八 10 月

1. 物候期

落叶前期。

2. 主要工作内容

1）修剪和施基肥。

2）树干涂白防冻。

3）注意大青叶蝉的防治。

3. 技术措施

1）9 月未完成施肥和修剪工作的核桃园要继续进行。

2）大青叶蝉于 10 月霜降前后开始在核桃枝干上产卵越冬。防治方法：产卵前树干涂白；10 月霜降前喷 4.5% 高效氯氰菊酯 1500 倍液。

九 11 月

1. 物候期

落叶后期。

2. 主要工作内容

1）秋耕。

2）清园。

3）浇防冻水。

3. 技术措施

1）秋耕深翻。将树盘下的土壤进行深翻 20～30cm，有利于根系生长和消灭越冬虫茧。

2）清扫枯枝、落叶，集中烧毁或深埋沤肥。

3）土壤封冻前浇防冻水。

十 12 月至下一年 2 月

1. 物候期

休眠期。

2. 主要工作内容

1）修剪。

2）幼树防寒。

3）继续清园。

4）种子沙藏。

5）采集、储藏接穗。

3. 技术措施

1）冬季修剪应当避免伤流严重时期。

2）封冻后对幼树进行防寒。可采用埋土法或缠裹法。

3）继续进行清园工作，刮除粗老树皮，清理树皮缝隙。

4）第二年育苗播种的要进行种子沙藏。

5）采集树冠外围发育枝，采后蜡封，在山洞或地窖中湿沙埋藏。

6）总结一年工作，交流经验；检修农机具，准备好下一年的农

附录

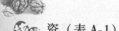

资（表 A-1）。

表 A-1　核桃管理周年工作历

月　份	节　气	物　候	主要工作内容	技术措施要求
1～2 月	小寒、大寒、立春、雨水	休眠期	幼树防寒	1. 休眠期伤流严重，不易修剪 2. 采用弓形或桶装埋土法和纸膜缠裹法，对幼树进行科学防寒
3 月	惊蛰、春分	萌芽前	1. 追肥、灌水 2. 栽植苗木 3. 树干涂黏胶环 4. 病虫害防治	1. 秋季未施基肥的地块，补施基肥，以人粪尿或农家肥等基肥为主，施后灌水 2. 树干涂 10cm 宽的粘虫带，粘住并杀死上树的草履介小若虫，树干刮平绑上一块塑料布 3. 病虫害防治：①萌芽前喷 3～5 波美度石硫合剂可防治核桃黑斑病、炭疽病、腐烂病、螨类、介壳虫；②腐烂病严重的核桃园要刮除病斑，并涂 50～100 倍 4% 农抗 120
4 月	清明、谷雨	萌芽、开花、展叶期	1. 幼树解除防寒 2. 疏除雄花 3. 预防霜冻 4. 病虫害防治	1. 4 月上中旬萌芽时刨土堆，取出缠裹的塑料膜及报纸等物，解除防寒，可继续修剪，常用主干疏层形、双层小冠形、开心形和纺锤形 2. 4 月上旬雄花膨大期，可疏除 80%～90% 的雄花芽，中下部多疏，上部少疏 3. 注意天气，有霜冻预报点火熏烟 4. 病虫害防治：①傍晚人工振动树干，捕杀黑绒金龟子和核桃扁叶甲；②防治舞毒蛾、草履介壳虫，可喷苦参碱或除虫菊酯；③防治黑斑病、炭疽病可喷倍量式波尔多液 1～2 次；④防治腐烂病可喷 4% 的 800 倍农抗 120 5. 4 月上旬宜栽树

月 份	节 气	物 候	主要工作内容	技术措施要求
5月	立夏、小满	果实膨大期	1. 夏季管理 2. 病虫害防治	1. 5月中旬夏剪疏除过密枝，短截旺盛发育枝，增加枝量，及早扩大树冠，培养结果枝组 2. 降雨后可以在田间进行种草 3. 防治核桃举肢蛾，树盘覆土阻止成虫羽化，用性诱剂监测发生，喷苦参碱、阿维菌素防治 4. 用频振式杀虫灯、糖醋液诱杀桃蛀螟和举肢蛾成虫
6月	芒种、夏至	花芽分化及硬核期	1. 追肥 2. 中耕除草 3. 病虫害防治	1. 花芽分化追施发酵好的鸡粪 2. 对田间杂草进行刈割，增加土壤肥力 3. 对核桃褐斑病、枝枯病、溃疡病可喷多氧霉素、波尔多液防治，药剂应交替使用
7月	小暑、大暑	种仁充实期	1. 果园管理 2. 中耕除草 3. 病虫害防治	1. 捡拾落果，采摘虫果、病果，集中深埋 2. 树干绑草，诱杀核桃瘤蛾，灯光诱杀成虫 3. 刺蛾、瘤蛾、核桃小吉丁虫用苦参碱或除虫菊酯防治；褐斑病用倍量式波尔多液防治
8月	立秋、处暑	成熟前期	1. 排水 2. 叶面喷肥 3. 病虫害防治	1. 叶面喷草木灰浸出液1~2次，促进树体充实 2. 核桃瘤蛾二代、缀叶螟、刺蛾用苦参碱防治；桃蛀螟用糖醋液诱杀 3. 旺枝摘心，以缓和生长势
9月	白露、秋分	核桃采收期	1. 适时采收，采后加工处理 2. 修剪 3. 施基肥	1. 果皮由绿变黄，部分青皮开裂时采收，避免过早采收，采后及时脱青皮，清水冲洗，及时晾晒 2. 采后修剪。疏除过密大枝，剪除干枯枝、病虫枝，回缩衰老枝 3. 大树株施100~200kg农家肥

附录

163

（续）

月　份	节　气	物　候	主要工作内容	技术措施要求
10月	寒露、霜降	落叶前期	1. 修剪，施基肥 2. 树干涂白防冻 3. 注意大青叶蝉的防治 4. 病害防治	1. 未完成施肥和修剪的，继续进行 2. 涂白剂配方：生石灰5kg、硫黄0.5kg、食用油0.1kg、食盐0.25kg、水20kg，搅拌均匀 3. 大青叶蝉10月上旬开始在核桃枝干产卵，注意防治：①产卵前树干涂白，阻止产卵；②霜降前后喷苦参碱防治 4. 腐烂病、枯枝病、溃疡病刮除病斑，刮口涂1%的硫酸铜液或10%氢氧化钠溶液
11～12月	立冬、小雪、大雪、冬至	休眠期	1. 秋耕 2. 清园 3. 浇防冻水 4. 幼树越冬前进行防寒处理	1. 树盘深翻20～30cm 2. 清扫枯枝落叶，深埋 3. 土壤封冻前浇防冻水 4. 1～2年生小树弯倒埋土，不易弯倒的用编织袋装土埋实；3年生树干用塑膜和报纸缠裹，缠裹时注意膜在外

附录B　常见计量单位名称与符号对照表

量的名称	单位名称	单位符号
长度	千米	km
	米	m
	厘米	cm
	毫米	mm
面积	公顷	ha
	平方千米（平方公里）	km²
	平方米	m²

量 的 名 称	单 位 名 称	单 位 符 号
	立方米	m³
体积	升	L
	毫升	mL
	吨	t
质量	千克（公斤）	kg
	克	g
	毫克	mg
物质的量	摩尔	mol
	小时	h
时间	分	min
	秒	s
温度	摄氏度	℃
平面角	度	(°)
	兆焦	MJ
能量，热量	千焦	kJ
	焦［耳］	J
功率	瓦［特］	W
	千瓦［特］	kW
电压	伏［特］	V
压力，压强	帕［斯卡］	Pa
电流	安［培］	A

参 考 文 献

[1] 郗荣庭, 刘孟军. 中国干果 [M]. 北京：中国林业出版社, 2005.

[2] 黄少文, 刘玉, 吴惠敏, 等. GB/T 18407.2—2001 农产品安全质量　无公害水果产地环境要求 [S]. 北京：中国标准出版社, 2001.

[3] 张志恒, 王强, 潘灿平, 等. NY/T 393—2013 绿色食品　农药使用准则 [S]. 北京：中国标准出版社, 2014.

[4] 李建中. 核桃栽培新技术 [M]. 郑州：河南科学技术出版社, 2009.

[5] 张爱民. 核桃标准化生产 [M]. 北京：中国农业科学技术出版社, 2011.

[6] 高本旺. 核桃种植新技术 [M]. 武汉：湖北科学技术出版社, 2011.

[7] 梅立新, 杨卫昌, 刘林强. 早实核桃栽培新技术 [M]. 西安：陕西科学技术出版社, 2010.

[8] 张美勇. 核桃安全生产技术指南 [M]. 北京：中国农业出版社, 2012.

[9] 李保国. 优质苹果核桃种植技术 [M]. 石家庄：河北科学技术出版社, 2013.

[10] 李保国, 齐国辉. 核桃优良品种及无公害栽培技术 [M]. 北京：中国农业出版社, 2008.

[11] 李保国, 齐国辉. 绿色优质薄皮核桃生产 [M]. 北京：中国林业出版社, 2007.

[12] 郗荣庭, 张志华. 中国麻核桃 [M]. 北京：中国农业出版社, 2013.